AF249918

FONTAINES

FILTRANTES

A DEMEURE,

ET PORTATIVES,

Pour le service de la Marine, des villes de Garnison, des Troupes militaires & des Voyageurs.

Es objections contre l'invention des nouvelles Fontaines ont été faites en différens tems; elles croissoient tous les jours comme de mauvaises plantes, à la faveur desquelles il sembloit que les Critiques vouloient cacher l'entrée du Magasin public: il falloit donc nécessairement arracher ces mauvaises plantes, ou ceder à la malice des Critiques ; c'est ce qui

A

m'a obligé de faire fucceffivement plufieurs Livres * pour extirper les erreurs femées dans le Public, qui étant guidé par une fauffe lumiere, fe détournoit de la voie la plus fûre pour la fanté, dans l'ufage de l'eau commune & la préparation des alimens. Il eft vrai que le fuffrage de la plus fçavante Académie du monde, & l'ufage que les plus fameux Médecins & tout ce qu'il y a de plus connoiffeur à Paris, ont fait des nouvelles Fontaines dès leur premiere conftruction, même avant l'enregiftrement du Privilege exclufif, auroient donné affez de force à la vérité, pour percer d'elle-même ; mais il auroit fallu trop de tems ; la vérité produit bien fon effet dans l'obfcurité, mais cet effet ne paffe que tard au-de-là des connoiffeurs, il eft bien plus grand & plus fubit dans toutes les claffes des Citoyens, quand cette vérité tout d'un coup eft mife en évidence. Les nouveaux établiffemens, utiles au Public, trouvent toujours des contra-

Tous ces Livres fe vendent chez Bou-
DET, rue faint Jacques à la Bible d'or.

dicteurs, il ne faut même qu'un ignorant capable de former un parti, à la
faveur de quelque faux brillant, pour
dire & faire dire, par des émiffaires,
des rapfodies ornées de quelque vrai-
femblance , mais qui paroiffent ce
qu'elles font dès qu'on les examine
de près avec leur auteur. La meilleure femence jettée dans un bon champ
ne pouffe pas toujours , il faut culti-
ver ce champ ; ce n'eft qu'ainfi qu'on
peut exterminer les vermines , qui
rongent le germe. Je fuppofe même la
meilleure femence, le meilleur champ
& le mieux cultivé, que ferviroient
toutes ces chofes, fi l'oifeau de ra-
pine venoit enlever la femence, avant
qu'elle eut jetté fes racines ? voilà ce
qui fait que le Public eft bien fouvent
privé des chofes les plus utiles , &
que les Arts ont fouvent de la peine
à faire leurs progrès, faute par les In-
venteurs de répondre aux objections
de ceux qui fe font livrés honteufe-
ment à une baffe jaloufie. Les coli-
fichets de foire, les Marionettes, les
Pantins & tout ce qu'il y a de plus
rebattu, prefenté fous le mafque de

quelque nouvel agrément, ont fouvent plus de force fur les efprits, que
les inventions utiles à l'Etat ; voilà
l'homme. Il croit voir ce qu'on n'a
jamais vû, il fait des exclamations,
il s'amufe comme un enfant avec des
jou joux , il s'écrie, il admire avec
excès, fans fçavoir que les livres an-
ciens font pleins de figures de ces curiofités puériles & inutiles. A mon
égard, bien que le filtrage des eaux
foit auffi ancien que le monde, je
puis dire qu'on ne trouvera dans aucun livre les Fontaines de mon invention. Les figures que je donne ici
pour la commodité des troupes du
Roi & du Public, font nouvelles,
& d'autant plus nouvelles que les Critiques ne peuvent les défigner dans
les livres comme anciennes, approu-
vées, ou défapprouvées : voilà , je
crois, la différence qu'il faut faire entre certaines curiofités anciennes, re-
nouvellées , mafquées & toujours
inutiles au bien d'un Etat, & une invention, comme la mienne, qui fe
fubdivife, fuivant le jugement de l'A-
cadémie, à une infinité d'utilités, qui

vont déja, & qui iront toujours dans tous les pays du monde. C'est tout simple, l'eau est nécessaire à l'homme, tous les jours, & à tout instant, & il y en a de mauvaises çà ou là dans les différentes contrées de tous les pays du monde: c'est donc un très-grand avantage de pouvoir les améliorer par plus ou moins de filtres, suivant les différentes natures des eaux. Les troupes militaires & les voyageurs sont les plus exposés au danger des mauvaises eaux, comme celles de marre visqueuses, ou qui ont d'autres principes encore plus mauvais; celles des riviéres, troubles en hiver par les pluies, ou par les fontes des neiges à l'entrée du printems; celles qui sont impregnées de mauvais principes venant de la dissolution des terreins ou des sables vitrioliques, & des carriéres de pierre, ou de craie, par où elles passent; celles des puits qui n'ont pas du cours, & d'où les eaux amassées ne sont pas assez tirées pour empêcher les dissolutions qu'elles reçoivent du terrein, & de la batisse de pierre & de ci-

A iij

ment qu'elles touchent ; de-là vient que les puits, comme les citernes, dont l'eau n'eſt pas aſſez tirée, donnent ſouvent le goût de la boue, principalement celle des puits creuſés plus profond que leur ſource : c'eſt dans ce cas que l'eau inférieure à cette ſource demeure toujours au fond d'un puits, & acquiert enfin ce mauvais goût de boue, qui ſe communique ſans ceſſe à l'eau ſupérieure : celle-ci eſt preſque la ſeule qui monte dans le ſçeau avec les parties hétérogenes, & le mauvais goût de l'eau baſſe qui ſe mêle un peu avec la ſupérieure, par l'agitation de la ſurface de celle-ci, au moment qu'on la puiſe.

De-là on peut conclurre, que ce n'eſt point la faute des filtres de ſable ou d'éponges, quand ils donnent du goût à l'eau ; on s'apperçoit tous les jours dans beaucoup de maiſons, où les fontaines de cuivre ſont mal ſoignées, qu'elles donnent à l'eau un goût déteſtable : c'eſt donc la faute de ceux qui font proviſion d'eau, & qui ne la ſoutirant pas aſſez ſouvent, parce qu'ils en dépenſent trop

peu, la laiffent croupir dans une fontaine comme dans un puits, ce qui
a caufé & caufe encore tous les jours
tant de funeftes accidens, qui de tems
à autre arrivent à ceux qui font ufage des fontaines de cuivre, & qui
avec le défagrément du mauvais goût
de l'eau, font pour comble de mal-
heur, dans le danger journalier d'un
poifon fubit ou lent, qu'ils regardent
cependant comme une chimere; mais
je mets le poifon à part, & je dis que
l'eau qui doit être renouvellée tous
les jours & foutirée fouvent, ne peut
que s'empuantir par le féjour, comme
il arrive dans les barriques des Vaiffeaux de mer, où l'eau s'empuantit
fi fort qu'il faut fouvent fe boucher
le nés pour la boire, ce qui eft une
autre efpéce de poifon.

Au refte pour éviter que les perfonnes qui achettent des nouvelles
Fontaines ne fe trompent, il eft bon
de leur dire ici, ce qui m'a été rap-
porté par le Commis de la Manufacture. Celui-ci s'eft apperçu, que tel
qui avoit acheté une Fontaine de dix
voyes d'eau fur fable & fur éponges,

n'avoit befoin journellement que d'u-
ne voye d'eau par jour dans fon ménage , & que tel qui avoit acheté un
Filtroir militaire , ou une fontaine de
poche , qui ne peut donner que 4. ou
5. pintes d'eau filtrée en 24. heures,
confumoit journellement chez lui dix
ou douze voyes d'eau. Il eft bon que
le Public s'apperçoive de cette dif-
proportion , & qu'en achetant il fça-
che ce qu'il fait , pour n'avoir pas le
regret d'un achat inutile ou difpro-
portionné : à la bonne heure , que
celui qui achete une Fontaine de cuifine prenne en même tems un Filtroir,
pour y raffiner l'eau venant de fa
cuifine , & s'en fervir à table pour fa
boiffon , mais qu'on veuille faire fervir à tous les ufages domeftiques une
fontaine de poche , & tous autres
petits Filtroirs que j'ai imaginés pour
différentes utilités en différentes rencontres , fur mer, dans les armées &
en voyage, c'eft ce qui n'eft ni raifon-
nable, ni profitable. Prenez une Fontaine proportionnée, renouvellez l'eau
tous les jours & foutirez-la filtrée au
befoin ; voilà tout.

page 9

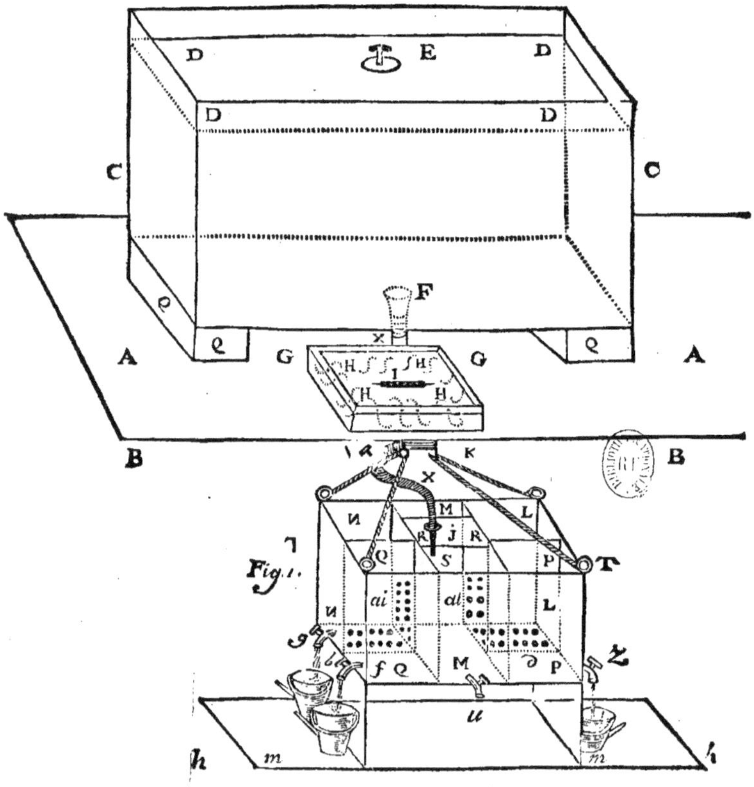

Fig. 1.

Fontaine filtrante suspendue par des ressorts, & une double charnière dans le fond de calle, laquelle fournit 40. voyes d'eau filtrée journellement pour 6 à 700. hommes d'Equipage sur un Vaisseau de Roi.

A A, Plancher au-dessus du fond de calle.

bb, *BB*, Fond de calle.

CC, Fontaine de commandement de 40. voyes d'eau de contenance, garnie en dedans de plomb laminé.

DDDD, Rebords, pour verser l'eau dans la fontaine de commandement.

E, Soupape à vis, garnie de cuir, pour fermer hermétiquement ladite fontaine quand elle est pleine.

F, Tuyau de plomb, soudé au milieu du fond de ladite fontaine.

GG, Caisse quarrée de deux pieds de diametre, fixée sur le plancher *AA*, qui présente dans le milieu une ouverture d'un pied & demi au quarré.

HHHH, Planche quarrée, du dia-

A v

metre de la caiffe *GG*, à un pouce
près, pour qu'elle ait un peu de jeu.
Cette planche eft pofée fur plufieurs
refforts, en forme des S marquées par
des points. Ces refforts font arrêtés
tout autour de l'ouverture quarrée
d'un pied & demi, & fe trouvant
d'égale longueur, ils foutiennent la
planche quarrée *HHHH*, dans un
parfait niveau.

I, Partie fupérieure en forme de
gond de la charniere double, arrêtée
dans une ouverture de la planche
quarrée *HHHH*, par une forte gou-
pille de fer. *

K, Seconde piéce de la charniere
double, où l'on voit 2. crochets qui
tiennent les cordes ou chaînes de la
fontaine *TT*, qui s'y trouvant accro-
chée, fuit toutes les inclinations du
vaiffeau de poupe à proue, de proue à
poupe, à droite & à gauche, qui
font les 4. inclinations uniques, quelque tempête qu'il faffe.

TT, Fontaine Filtrante dans le

* La conftruction de cette charniere fe
voit plus clairement dans la feconde figure.

fond de calle *hh*, *BB*, suspendue par 4. chaînes arrêtées aux crochets de la seconde piéce *K*, de la double charniere, au moyen de quoi, elle suit tous les mouvemens du vaisseau, & ne peut répandre l'eau, se trouvant toujours perpendiculaire.

mm, Planche arrêtée sous la fontaine à la hauteur des bidons ou pots à l'eau, placés sous les robinets. Ces bidons par ce moyen reçoivent toujours l'eau qui coule des robinets, sans pouvoir même se renverser, parce que la planche *mm*, se trouve toujours au niveau de la fontaine. Si cette planche n'étoit pas ainsi pratiquée, la Fontaine quitteroit les bidons suivant l'inclination du vaisseau, & ces bidons pourroient se renverser.

Il faut observer que de la planche *mm*, il y ait une distance suffisante au sol *hh*, du fond de calle, afin que dans aucune inclination du vaisseau elle ne puisse toucher ce sol.

Reste maintenant à expliquer le mécanisme de la Fontaine filtrante, qui n'a que trois pieds au quarré, & un pied & demi de profondeur.

MM, Loge de l'eau fale dans le milieu.

NN, Loge de l'eau du premier filtre, pour les gens de l'Equipage. On la foutire par le robinet *g*.

LL, pareille loge du premier filtre, pour les gens de l'Equipage.

QQ, Loge du fecond filtre pour les Officiers. On la foutire par le robinet *b*.

PP, Pareille loge du fecond filtre pour les malades. On la foutire par le robinet *Z*.

Il femble qu'une fi petite fontaine ne peut pas fournir à 6 ou 700. hommes d'équipage, mais il n'en eft pas des nouvelles Fontaines comme des anciennes. Les nouvelles Fontaines fourniffent l'eau à volonté, il fuffit d'y multiplier les alvé les, pour avoir telle quantité d'eau que l'on veut.

On peut donc pratiquer dans la fontaine, dont il s'agit ici, 100. alvéoles, ou davantage s'il le faut, dans la féparation *a b*, & autant dans la féparation *a i*, pour avoir 40. voyes d'eau pure par jour. A l'égard des loges plus étroites *QQ*, & *PP*, pour les Officiers & pour les malades, quelques alvéoles comme en *d*, & *f*, suffisent pour leur donner toute l'eau nécessaire, mais beaucoup plus pure par la plus grande pression qu'on peut donner aux éponges, ce qui est essentiel pour les malades.

Il reste encore à faire voir comment cette Fontaine filtrante, qui ne contient qu'environ trois voyes d'eau sale, peut fournir 40. voyes d'eau pure dans les trois ou quatre distributions de l'eau qui se font tous les jours. Le volume de cette fontaine de trois pieds en quarré, & d'un pied & demi de profondeur, n'est ainsi réduit que pour la rendre moins embarrassante dans le fond de calle, où elle n'occuperoit que fort peu de place.

La fontaine de commandement *CC*, porte au milieu du fond un tuyau de plomb *F*, qui s'y trouve bien soudé, auquel est adapté en dessous une manche de cuir *XX*, qui est ficelée & goudronnée en dehors & qui contient en dedans un ressort de fil d'argent passé à la filiere, comme ceux de fil de fer, qui fe trouvent dans les tuyaux des pipes turques. Au milieu de la longueur de ce tuyau de cuir, fe trouve un autre tuyau de plomb, qui fépare le tuyau de cuir en deux parties, qui font également bien fifcelées & goudronnées fur le fecond tuyau. Celui-ci porte dans le milieu un robinet V, que l'on doit fermer quand on veut remplir la fontaine de commandement CC, après avoir ôté la foupape E. Il faut obferver que le bout du plus bas tuyau de cuir eft encore adapté à un autre tuyau de plomb, qui entre dans un tuyau de même métal, plus grand, appliqué à une traverfe de bois ou de plomb RR, fixé fur les deux féparations des eaux pures, de façon que le bout de ce dernier tuyau entre un ou deux pouces dans la Fontaine filtrante, comme une bougie dans un flambeau, & trempe dans l'eau, quand la fontaine eft pleine, comme en S.

Les chofes ainfi difpofées, après avoir rempli la fontaine de commandement CC, ouvrez le robinet V,

l'eau coulera dans la loge de l'eau sale *MM*, jusqu'à ce que le bout du
tuyau de plomb *S*, touche la surface
de l'eau, auquel cas l'eau de la Fontaine de commandement s'arrêtera,
jusqu'à ce que la surface de l'eau,
contenue dans la loge *MM*, se soit
échappée par les filtres à droite &
à gauche, au point qu'elle ne touche plus le tuyau de plomb *S*; tout
de suite la Fontaine de commandement fournira, pour faire remonter
l'eau & noyer le tuyau de plomb *S*.

L'écoulement & la cessation se
succéderont à chaque instant, pendant le tems de la distribution de
l'eau, parce que les loges des eaux
filtrées soutirées sans cesse, ne per-
mettront pas que toutes les loges
viennent au même niveau, ce qui seul
peut empêcher la continuation du filtrage.

Après la distribution de l'eau on
fermera les robinets *g*, *b*, *Z*, &
supposé qu'il reste de l'eau dans la
fontaine de commandement *CC*, toutes les loges viendront au même niveau, en attendant la distribution
suivante.

u, Robinet de l'eau fale, ce n'eft proprement qu'un robinet de décharge, quand on voudra laver la loge de l'eau fale.

L'eau des Barriques n'étant pas ordinairement chargée de vafe, mais fimplement louche, ou jaunâtre, ou vereufe, vifqueufe & corrompue, il ne fera néceffaire qu'après deux ou trois mois, de repouffer les éponges, pour les laver & pour leur faire donner la quantité d'eau filtrée néceffaire. La principale obftruction de l'éponge vient du limon, qui bouche les conduits.

Mais comme une Fontaine ne peut pas aller toujours & fournir 40. voyes d'eau par jour, il eft néceffaire dans le cas de l'obftruction, d'avoir une féconde Fontaine de relais, pour la mettre en place tout d'un coup, quand les éponges de la Fontaine en exercice auront befoin d'être lavées.

Pour le foin & la manœuvre de cette fontaine, il ne faut de plus que deux hommes bien inftruits, avant que de monter fur le bord, & uniquement appliqués à ce fervice.

Le soin de ces deux hommes seroit donc 1°. de remplir la Fontaine de commandement ; 2°. de soutirer pendant ces différentes distributions & de donner les vaisseaux pleins aux valets ordinaires ; 3°. de mettre en place la fontaine de relais, toutes les fois que la fontaine en exercice ne fournira plus assez d'eau.

On pourroit objecter que le filtrage continuel étant nécessaire, comme j'ai dit, au travers des éponges, comme de tous les filtres, ce filtrage sera interrompu dès la cessation de chaque distribution d'eau aux heures marquées dans le jour ; mais si on fait attention, que les valets de la Fontaine seront obligés de soutirer dans les tems intermédiaires des distributions, pour remplir les vaisseaux d'entrepôt sur le tillac, comme l'on fait pour distribuer l'eau plus commodément aux heures marquées, il est certain que la Fontaine travaillera toutes les heures du jour : d'ailleurs on pourra la soutirer encore à tout moment pour les Officiers, & pour les malades, & conséquemment le filtrage ne peut être que continuel.

Au reste il ne faut pas s'attendre qu'un seul filtrage puisse effacer le mauvais goût que l'eau acquiert dans les barriques, tout ce qui peut s'en-suivre c'est la diminution de ce mau-vais goût dans une eau limpide, purgée des vermines & des viscosités qu'elle acquiert dans les barriques, & qui reçues dans l'estomach ne peu-vent, dans la digestion qui s'y en fait, que depraver le chyle, beaucoup plus que l'eau elle-même, qui après le fil-trage ne contient plus la même dose de vermine, de viscosité & de cor-ruption.

Il seroit très-essentiel que le fond de calle fut purgé de l'air puant & très-mal-sain, qui s'y trouve prison-nier. Les futailles donnent à l'eau une mauvaise qualité par la pourriture & la dissolution du bois, mais elle en reçoit une autre encore plus mau-vaise de cet air corrompu, dont l'hu-midité s'insinue dans l'eau, comme dans le bois.

Le Ventilateur de M. Halles au-roit été d'un grand secours, si on s'en étoit servi communément ; mais l'é-

tablissement qui en a été fait en France dans quelques vaisseaux, n'a pas
été par-tout du goût des gens de l'E-
quipage : quelques-uns, ennemis des
nouveautés, en ont représenté les inconvéniens, d'où est venu quelquefois l'abandon d'une invention aussi
utile. Peut-être les Officiers qui auroient pu se faire obéir, l'ont eux-
mêmes négligé, & je crois que leur
négligence dans un cas essentiel pour
la santé, doit avoir eu quelques raisons : ces raisons viennent sans doute
de la manœuvre nécessaire au Ventilateur de M. Halles, qui n'agit,
pour le renouvellement de l'air, que
par le moyen d'un équipage de roues,
lanternons & soufflets, qu'il faut mettre en mouvement par la force des
hommes, attelés au bout d'un levier.
La manœuvre de nécessité absolue,
comme celle qui concerne la conduite d'un vaisseau dans la tempête, saisit
toute l'attention des Officiers & des
gens de l'Equipage. La crainte du
naufrage, la mort qui paroît mar-
cher sur les vagues irritées, & se
presser d'atteindre le vaisseau pour l

submerger, font faire des efforts in-
finis. Tout travaille dans ces occa-
fions, les Officiers & les gens de
l'Equipage font dans le mouvement
& dans la frayeur; & fi malgré la
manœuvre la mieux entendue, ce
vaiffeau périt enfin malheureufement
avec eux, du moins ont-ils fait tout
ce que la raifon exigeoit pour la con-
fervation de leurs vies; mais il n'en
eft pas de même de l'air puant &
groffier, qui fe trouve dans le fond
de calle, qu'on pourroit éviter, &
qu'on n'évite pas. Celui-ci reçu par
la refpiration, dans les poumons de
ceux qui y defcendent journellement,
& dans l'eau qui s'y corrompt beaucoup plus qu'elle ne feroit, s'il étoit
renouvellé & chaffé fans ceffe par un
autre plus pur, ne préfente pas à l'efprit une image auffi terrible que celle
de la tempête, du naufrage & de la
mort, qui menace tous ceux qui font
dans le vaiffeau: plufieurs malades,
quelques morts, ne frappent l'efprit de
ceux qui font en fanté que par inter-
valle. La mort naturelle aux hommes, fur mer comme fur terre, ne

peint ce

permet pas d'aller plus loin; ce feroit ce femble une lacheté, que de craindre la mort ordinaire à l'homme dans le cours d'une navigation heureufe, comme c'en feroit une de craindre cette mort chez foi, & dans la ville la plus tranquille & la plus faine. Ce n'eft pas là pourtant une mort ordinaire, puifqu'elle a une caufe qui eft contre nature. L'air infecté du fond de calle n'eft pas naturel, c'eft un poifon auquel beaucoup d'hommes qui y defcendent réfiftent, mais auquel tous ne réfiftent pas : cela va fuivant la force du tempéramment, & la difpofition du fang & des vifcéres. Les vuidangeurs qui defcendent dans les foffes ne périffent pas communément, cela eft rare, mais il arrive que quelques-uns périffent fubitement, que d'autres font affez fouvent malades, & que plufieurs d'entre eux ne vieilliffent pas ; d'où il fuit que les différentes impuretés d'un air, qui a fermenté, deviennent un poifon fubit ou lent.

Il faut donc confiderer ceux que leur emploi oblige à defcendre dans le fond de calle, qui est une autre espéce de fosse, comme des hommes, comme tels fort précieux, & cependant exposés à des maladies le plus souvent scorbutiques & à la mort, mais à une mort précoce ; ce qui paroît bien digne d'attention , quand on peut l'éviter.

Si le Ventilateur de M. Halles n'avoit pas eu tant de peine à percer, comme en ont toutes les autres nouvelles inventions, que l'on voit souvent négligées & combattues, malgré l'utilité la plus confirmée, j'aurois proposé un Ventilateur, différent en tout de celui de M. Halles ; quoique l'on ne doive pas moins à ce dernier l'heureuse pensée du renouvellement de l'air dans les Vaisseaux, on peut cependant faire beaucoup mieux que M. Halles, dont les machines embarrassantes ne sont en usage que sur quelques Vaisseaux de la Compagnie des Indes. On peut faire mieux encore que M. Sutton : le Ventilateur de celui-ci agit par le moyen du feu des cuisines; mais quoique l'Amirauté de Londres ait ordonné à

tous les Vaisseaux de Roi de s'en fournir, on ne le voit pas en usage en
France, attendu d'autres inconvéniens
auxquels il est sujet, comme celui de
M. Halles.

A mon égard si j'étois crû, il ne
faudroit ni feu ni machines, mais seulement quelques ouvrages très-sim-
ples dans la construction d'un Vaisseau, & très-solides en même tems,
pour renouveller l'air en beaucoup
plus grande quantité que ne font les
Ventilateurs de MM. Halles &
Sutton, mais sans aucune sorte d'en-
tretien & sans aucune manœuvre,
soit que le Vaisseau soit en pleine
mer, ou à la rade. Je ferai toujours
prêt à demontrer la vérité du fait
par une expérience devant l'Académie des Sciences, dès que je rece-
vrai à cet égard des ordres supérieurs.

Je suppose maintenant que mon
Ventilateur ait été examiné, approu-
vé & exécuté avec succès, je dis que
la santé des marins en seroit bien
meilleure, & qu'il n'y auroit pas chez
eux le même nombre de malades &
de morts : en effet si les excremens

retenus dans le corps humain envoyent des fumées au cerveau, quelquefois fuivies d'une apoplexie, il eſt conſtant que l'air infecté qui fermente & qui eſt retenu dans le fond de calle, fait le même effet dans un Vaiſſeau que les excremens retenus dans le corps humain; ce ſont là deux carcaſſes fuſceptibles du même danger : ainſi cet air infecté envoie des fumées au travers des jours qu'il trouve ; il s'éparpille entre les ponts & dans les chambres des Officiers ; raréfié pour lors il ne conſerve pas à la vérité toute ſa malignité & toute ſon odeur partout également, mais on le reſpire plus ou moins & ſans s'en appercevoir. Ce n'eſt point une nuée de fleches comme dans le fond de calle, ce ſont quelques traits qui volent entre les ponts, & qui bleſſent quelquefois ceux qui ſe trouvent dans leur paſſage. Ceux qui vont journellement dans le fond de calle, plus endurcis, s'en apperçoivent beaucoup moins, que ceux qui n'y deſcendent que rarement. L'habitude ôte les ſenſations produites par une mauvaiſe cauſe, elle aide même à résister aux effets d'une mauvaise cause, mais comme on ne peut toujours résister à coup sûr, la mauvaise cause produit quelquefois ses effets suivant la disposition des viscéres : ainsi les Officiers comme les gens de l'Equipage, que l'habitude empêche d'appercevoir les fumées mal-saines du fond de calle, ne sont pas moins en danger, par la respiration d'un air impur, & quoique cette habitude les préserve ordinairement de l'effet, elle ne les préserve pas toujours, sur-tout quand ils joignent à cet air, qui conserve toujours quelque venin, malgré sa raréfaction, la boisson d'une eau qui a fermenté & qui s'est corrompue au milieu du même air impur, dans toute sa force.

B iij

FIGURE II.

Petite Fontaine pour rafiner l'eau déja filtrée dans le fond de calle.

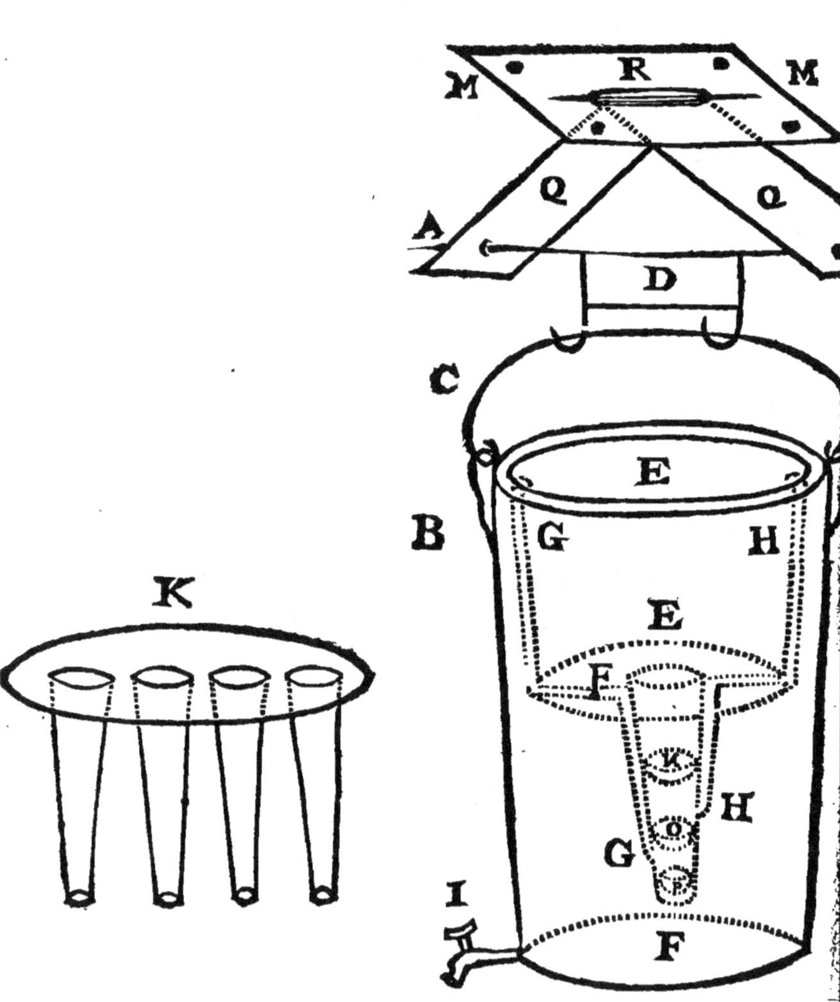

BB , Vaiſſeau d'étain rond avec

ſon anſe *CC* : ce vaiſſeau eſt d'un pied de profondeur, & 6. pouces de diametre.

I, Robinet du vaiſſeau *BB*.

EE, Second vaiſſeau, qui entre dans le vaiſſeau *BB*, & qui a 5. pouces & demi de diametre.

FF, Tuyau conique du vaiſſeau *EE*, pour y appliquer les trois éponges *N, O, P*.

HH, Premier évent, qui donne de l'air entre les éponges *N, O*.

GG, Second évent qui donne de l'air entre les éponges *O, P*.

Cela ſuppoſé, mettez dans le vaiſſeau intérieur *EE*, deux pintes d'eau ; elles filtreront au travers des trois éponges *N, O, P*, & l'eau réſultante de ces trois filtrages deviendra très-limpide, en arrivant dans le vaiſſeau *BB*, d'ou on la ſoutirera par le Robinet *I*.

Maintenant afin que les Officiers, ou tel Subalterne qui voudra raffiner ſon eau, puiſſent placer cette Fontaine ſans crainte de ſurverſement, qui pourroit venir des différentes inclinaiſons du vaiſſeau, il n'y a qu'à la ſuſpendre par l'anfe *CC*, aux crochets de la feconde piéce *D*, de la double charniere *QQ*.

AA, Broche de fer fur laquelle roule la piéce à crochets *D*.

MM, Piéce de tole de fer, percée aux 4. coins, fur laquelle roule la broche de fer *R*, qui foutient la charniere double *QQ*.

Cela fuppofé, qu'on arrête la piéce *MM*, par 4. cloux ou 4. vis à tel endroit d'un plancher qu'on pourra choifir, la petite Fontaine de rafinage fufpendue, fuivra par le moyen de la charniere double, toutes les inclinaifons du vaiffeau, fans verfer une feule goutte.

Si les Officiers pour leur table, veulent avoir une plus grande quantité d'eau filtrée, ils trouveront des Fontaines de raffinage, dont le fond du vaiffeau *EE* fera garni de plufieurs tuyaux coniques, comme on peut voir dans la figure *K*.

Cette Fontaine, comme on voit, peut être encore fort commode pour les Officiers des troupes de terre, en fupprimant la charniere double : il

aut cependant obferver que l'inatten-
tion des gens de l'Equipage , & la
petite quantité d'eau qu'on leur donne , ne peut guère entretenir un filtrage continuel, abfolument néceffaire dans tous les filtres, qui s'empuantiffent fi on les laiffe à fec ; mais ceci n'eft fait que pour ceux qui méri-
tent de boire une eau bien épurée ,
par leur attention , principalement
pour les Officiers , qui auroient avec
la Fontaine du fond de calle & celle-
ci , une eau filtrée au travers de 5. ré-
pétitions d'éponges.

Au refte comme il faut plus de tems
pour repouffer , laver & remettre 3.
éponges , & les évents entre deux ,
qu'il n'en faut pour une feule fans é-
vents , on peut fe contenter d'une
feule éponge , au lieu de faire paffer l'eau journellement , au travers
d'un linge, comme cela arrive affez
fouvent fans aucun avantage : on n'auroit befoin que de deux minutes, de
huit jours en huit jours, pour laver
l'éponge , premierement dans l'eau
de la mer , pour ne pas prodiguer
l'eau commune , & enfuite dans un

B v

demi verre de cette derniere , pour effacer le goût de l'eau de la mer; au moyen de quoi on se délivreroit de bien des maladies , dont la semence se trouve dans les vers , & dans la viscosité d'une eau corrompue.

FIGURE III.

Fontaine de cave de Carroſſe, ou de Chaiſe de Poſte à l'uſage de MM. les Officiers de Terre, & des Voyageurs, du poids d'environ 10. liv.

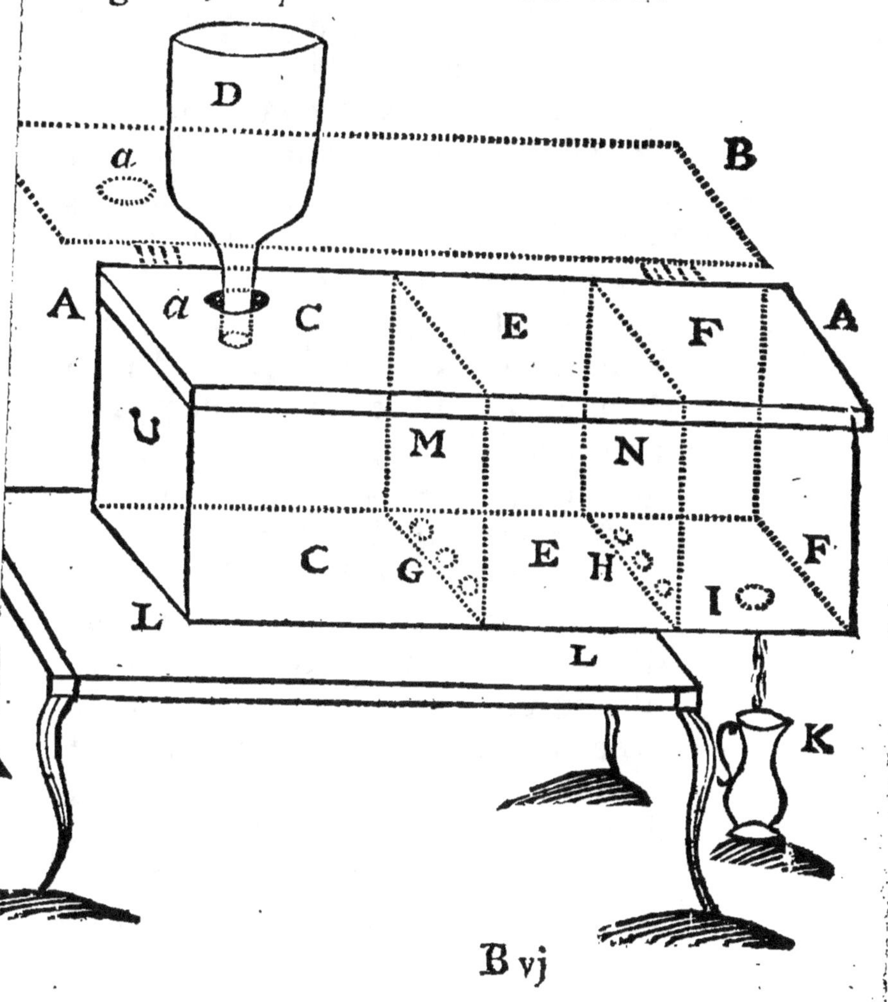

AA, Caiſſe de bois de chêne, de 5. pouces de profondeur & de large, & de 15. ou 18. pouces de longueur. Cette caiſſe eſt garnie intérieurement de plomb laminé, ou d'étain vierge.

CC, Loge de l'eau ſale, d'où elle filtre au travers des éponges *G*, comprimées dans les alvéoles coniques, jettées en fonte de plomb ou d'étaim, au bas de la ſéparation *M*, d'où elle paſſe dans la loge *EE*, & refiltre encore au travers des éponges *H*, au bas de la ſéparation *N*. Cette eau déja filtrée deux fois, parvenue dans la loge *FF*, ſe filtre une troiſiéme fois au travers de l'éponge *I*, & tombe goutte à goutte dans le pot à l'eau *K*.

Afin que cette Fontaine ne ſe trouve point à ſec, & qu'on puiſſe s'appercevoir plus facilement ſi elle manque d'eau, le couvercle *BB*, repréſenté ouvert par des points, ſe trouve avec une ouverture *a*, pour y faire entrer une caraffe de verre blanc *D*, dont le goulot ſoit fait de calibre, à deſcendre un pouce dans la Fontaine, en obſervant toujours de boucher la caraffe *D*, avec un bouchon percé, afin de ne pas répandre d'eau, en introduifant le goulot de cette caraffe dans le trou du couvercle.

Cette petite Fontaine eft pofée fur une table *LL*, ou fur un banc, ou fur une chaife, fuivant les lieux où l'on fe trouve, & doit fortir trois ou quatre pouces hors de la table, pour pouvoir placer commodément au-deffous de la derniére éponge *I*, la cruche ou pot à l'eau *K*, qui reçoit l'eau filtrée. Cette Fontaine peut fe faire en fer blanc étamé, à l'épreuve de l'eau ; fon volume feroit de 6. pouces de longueur, 3. pouces de large & autant de profondeur. Son poids feroit d'environ 20. onces, pour la plus grande commodité des Troupes du Roi.

FIGURE IV.

Filtroir Militaire , Marin & Domesti-
que , avec un pendule d'expérience
pour découvrir les différens dégrés de
pureté des eaux , principalement de
celle de Ville-d'Avray , dont le Roi
& la Famille Royale font usage.

BADC, Caisse quarrée d'un pied
& demi de hauteur & 8. pouces de
large , ou plus grande si l'on veut,
suivant le vaisseau qui reçoit l'eau pure.

E , porte qui se ferme au moyen
de la serrure *F*, pour éviter la pous-
siére , ou pour empêcher qu'on ne
touche à l'eau filtrée.

HH , Filtroir d'étaim , de plomb,
ou de fayence , formé comme la Fontaine de poche , exprimée ci-après
par la Figure IX. avec deux évents
MN, & trois éponges *I* , *K* , *L*.

G, Ouverture au milieu du dessus de la caisse *B* , *A* , *D* , *C*.

g. Autre ouverture plus étroite au
milieu de la tablette *ff* : ces deux ou-
vertures sont faites pour recevoir le
filtroir *HH* , & empêcher qu'il ne
puisse vaciller.

FIGURE IV. 35
O
R
R
B
A
H
G
E
f
N
L
g
M
f
H
L
H
P
D
C
Q
S

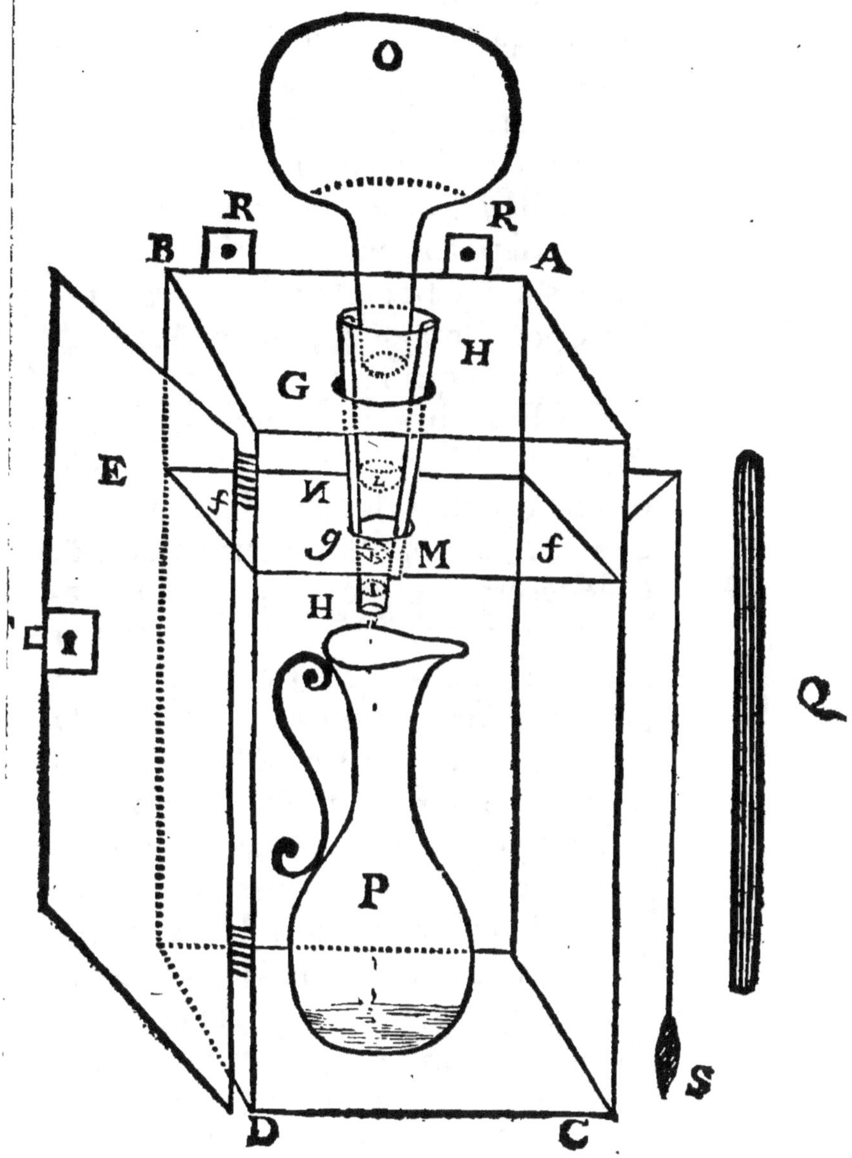

O, Caraffe de verre, remplie d'une eau qu'on veut purifier au travers des éponges *I*, *K*, *L*.

P, Caraffe de verre ou de cryſtal, pour recevoir l'eau filtrée.

Q, Bâton épais de trois quarts de pouce fait au tour, & bien arrondi par les deux bouts en forme de pilon, pour appliquer, ou pour repouſſer les éponges ſans les déchirer.

Ce Filtroir eſt appellé *Militaire*, *Marin* & *Domſtique*, parce qu'il convient aux Officiers des Troupes de terre, attendu ſon petit volume & ſa légereté : on peut s'en ſervir également ſur mer en la ſuſpendant par une double charniere, & quantité de gens s'en ſervent aujourd'hui dans la ville, & dans leurs maiſons de campagne, pour raffiner l'eau qui a paſſé dans les filtres de ſable & d'éponges de leurs Fontaines de cuiſine.

Il eſt encore fort utile pour les Etrangers qui viennent à Paris & qui obligés de vivre avec œconomie en chambre garnie, deviennent ſouvent malades par la boiſſon d'une eau bourbeuſe en hiver, & impregnée du verd-de-gris des fontaines de cuivre de leurs Hôtes : poifon auquel ils ne font pas accoutumés, & qui ne leur caufe que trop fouvent des diarrhées, des coliques doulou-reufes & quelquefois des maladies in-connues, & la mort même. Je ne dis pas cependant que la coutume foit un moyen, pour garantir du poi-fon du verd-de-gris, mais je dis qu'une petite dofe, qui ne paroît fai-re aucun effet dans les Parifiens, qui font ufage des Fontaines de cui-vre depuis leur enfance, fuffit pour rendre malades les étrangers qui n'y font pas accoûtumés, & qui ont be-foin de leur fanté à Paris, princi-ale-ment pour la pourfuite de leurs affai-res. J'ai failli à périr moi-même par la boiffon de l'eau de la Fontaine de cuivre de mon hôte, heureux d'avoir connu le mal après quelques ours de maladie, & d'avoir fait les remédes convenables. Ainfi les étrangers ne fçauroient agir à cet égard avec plus de prudence, que de faire repofer leur eau venant de la riviere dans un vaiffeau de grais, & de la faire paffer

dans un de ces filtroirs, qu'ils peuvent
fe donner à peu de frais. Toute l'attention qu'ils doivent avoir, comme tous
ceux qui s'en fervent, c'eft de ne pas
les laiffer manquer d'eau. Le filtrage
doit être continuel, fans quoi il n'eft
point de filtre dans la nature qui ne
s'empuantiffe, s'il eft laiffé à fec. Les
Fontaines de poche, les filtroirs &
toutes les petites Fontaines font fujettes à cet inconvénient; il n'eft aucun
fecret pour empêcher le mauvais goût
& la mauvaife odeur qu'un filtre quel
qu'il foit peut communiquer à l'eau.
C'eft cette eau même, naturellement
fujette à la corruption, quand elle
n'eft pas pure, ou qu'elle a du commerce avec l'air, qui empuantit les
filtres dès qu'elle y manque ; la petite
quantité qui en refte alors dans ces
filtres, y fermente : il n'en eft aucun
qui ne communique à l'eau le goût
qui lui eft propre. La laine, le coton,
le linge, le papier, les pierres poreufes, donnent des goûts différents, &
tous défagréables, fi on les laiffe à
fec : l'éponge à fon tour donne un
goût de marécage plus ou moins fort,

fuivant le tems de la ceſſation du filtrage & la qualité de l'éponge , qui
demande du choix ; mais tous ces
goûts ſont ſimplement déſagréables ,
ſans crainte de poiſon ; il ſuffit alors
d'effacer le mauvais goût par le filtrage , ou , ce qui eſt encore mieux
& le plus prompt , par le lavage des
éponges ; avec cette différence pourtant que la laine , le coton , le linge ,
le papier gris ſe pourriſſent preſque
ſubitement , & ne donnent pas de
l'eau aſſez, ni aſſez limpide, & que l'é-
ponge qui donne de l'eau à volonté ,
& très limpide, réſiſte long tems , &
conſerve toujours , étant ſeche , ſon
élaſticité.

A l'égard des pierres poreuſes ,
elles s'empuantiſſent ſi on les laiſſe a
ſec ; d'ailleurs elles communiquent à
l'eau un principe pétrifiant ; elles ne
filtrent l'eau que parce qu'elles ſont
ſpongieuſes & tendres : Si elles ſont
tendres, il eſt conſéquent que l'eau ,
qui eſt le plus grand de tous les diſ-
ſolvans, les diſſout en s'y filtrant, & en
détache le principe pétrifiant inviſi-
ble , attendu la diviſion infinie de ces

pierres : il eft même à fçavoir, fi ces
pierres , enfantées par la terre, ne
tiennent pas du regne minéral ; qui
peut être garant , fuivant les veines
des carriéres , d'où ces pierres font
tirées, qu'elles ne contiennent pas un
principe arfénical , ou peut-être vi-
triolique, comme le fable de la riviere de Seine ? Je parle d'après l'expérience. & le fentiment d'un Apo-
tiquaire de chez le Roi, qui fait ufage d'un fable choifi, qu'il préfere à
celui de la riviere. Toute la différence qu'il peut y avoir entre les pierres
poreufes & le fable de riviere, c'eft
que celles - là font formées d'un
fable , dont les grains font unis &
liés enfemble, & que celui-ci eft di-
vifé en petites parcelles. Les mauvais principes du regne minéral peuvent donc fe trouver également dans
les pierres poreufes, comme dans les
fables de riviere ; pour le moins tous
les fables de riviere, tendres & fria-
bles, communiquent à l'eau un principe pétrifiant , comme les pierres
poreufes ; rien n'eft plus digne d'attention pour les perfonnes pruden-

tes & foigneufes de leur fanté.

L'eau d'Arcueil, de l'aveu général, contient un principe pétrifiant, provenant de la diffolution que cette eau fait des carrieres de pierre où elle paffe. Si ces carrieres de pierre étoient fimples & homogenes, c'eft-à-dire, compofées de parties fixes, elles ne fe décompoferoient pas comme elles font. Cela eft fi vrai, qu'après quelques années, on a trouvé les tuyaux incruflés d'un tuf jaunâtre & affez dur, qui s'y étoit formé peu à peu, malgré la rapidité de l'eau, & qui eft parvenu enfin à les boucher entierement. Ce n'eft donc que ce principe pétrifiant, provenant de ces pierres compofées de volatil & de fixe, & divifées à l'infini [puifqu'il n'empêche pas l'eau de paroître limpide] qui produit cet effet nuifiblè à ceux qui ont dans le fang ou dans les humeurs, des difpofitions pétrifiantes. Combien de perfonnes, dira-t-on peut-être, ont fait ufage de cette eau toute leur vie, fans en être incommodées? je réponds tout de fuite, combien de perfonnes fe

font reffenties de ce principe pétrifiant, après vingt ou trente ans d'u-
fage ? & combien d'autres après ce
tems ne l'ont pas quittée, qui fouvent
s'en font apperçues trop tard ?

Voilà pourquoi je préfente ici ce
Filtroir avec la preuve de l'expérience que chacun pourra faire, dans les
pays où les eaux font mal propres,
ou vifqueufes, ou pétrifiantes ou autrement mal-faines.

Appliquez les éponges, ferrées au
point de ne donner, par exemple,
qu'une goutte d'eau de dix fecondes
en dix fecondes ; ce que vous pourrez vérifier en mettant en mouvement
le pendule S, dont chaque vibration
peut valoir une feconde. Je fuppofe
donc dix vibrations d'une goutte à
l'autre ; maintenant faites continuer
le filtrage pendant quelques jours :
voici l'expérience que vous ferez fur
l'eau d'Arcueil, dont il s'agit.

Si d'une goutte à l'autre vous trou-
vez un plus grand nombre de vibrations, par exemple, fi au bout de
huit jours, au lieu de dix vibrations
vous en comptez onze ou douze, ce

fera d'abord une preuve que le principe pétrifiant de cette eau a commencé d'obstruer les éponges ; continuez ainsi le filtrage pendant trois mois, & vous verrez augmenter le nombre des vibrations de jour en jour & de plus en plus ; d'ou vous pourrez conclurre le dépôt du principe pétrifiant dans les éponges. Si ce principe s'arrête & incrusle peu à peu les parois des tuyaux de conduite, quoique l'eau y passe rapidement, à combien plus forte raison ne doit-il pas s'arrêter dans trois éponges comprimées, qui bouchent le tuyau d'un filtroir.

Enfin repoussez les éponges après ce tems, lavez-les dans une cuvette avec de l'eau limpide, vous trouverez que cette eau limpide deviendra fort sale ; versez ensuite cette eau résultante du lavage des éponges, dans une grande bouteille de verre blanc, & laissez-la reposer, vous trouverez dans le fond un dépôt, dont vous pourrez faire l'analyse, en prenant les précautions que j'ai observées dans l'Extrait du Livre intitu-

lé, *Nouvelles Fontaines Domestiques,*
2. partie , pag. 55.

La même expérience feroit très-
effentielle à faire fur l'eau de Ville-
d'Avray, dont le Roi & la Famille
Royale font ufage; mais il faudroit
pour fçavoir la vérité, & pour l'im-
portance du fait, que ce fut fous les
yeux d'un Médecin, nommé par le
premier Médecin de Sa Majefté. Dans
la boiffon & dans la préparation des
alimens, il n'eft rien de plus effentiel
qu'une eau exempte de mauvais principes : pour le bien des peuples, il
n'eft donc rien qui foit fi digne de
recherche , que l'amélioration d'une
eau , qui bien que bonne de fa nature, peut fe porter à un plus grand
dégré de perfection, pour la fanté de
Sa Majefté.

Par exemple, on va faire provifion
d'eau à la Fontaine de Ville-d'Avray,
avec des flacons d'étaim, pour la bouche de Sa Majefté. Or bien que l'é-
taim foit bon, & d'un ufage général,
indifpenfable même dans les armées,
& dans le public, il y a cependant
mieux : ce font les vaiffeaux de
fayance,

fayance, de grais, ou de verre : on pourroit donc aller à la provifion d'eau de Sa Majefté avec des vaiffeaux formés de l'une ou l'autre de ces matiéres. Des vaiffeaux de verre bien forts, feroient encore plus convenables, à raifon de leur tranfparence ; on y appercevroit aifément ces petites pellicules, formées par des corps étrangers à l'eau, qui s'attachent aux parois des vaiffeaux deftinés à la tranfporter ; & comme on ne peut pas être bien affuré qu'une cruche ou une bouteille de fayance ou de grais, foient bien lavées intérieurement, attendu qu'elles font opaques, on s'en affureroit beaucoup mieux dans un vaiffeau de verre tranfparent, en le rinçant avec des dragées, du fable, ou des coques d'œuf.

A propos de falubrité des vaiffeaux, & tous uftenciles deftinés à l'ufage du Roi & de Sa Cour, ce feroit encore un grand bien dans les cuifines du grand & du petit Commun, d'y introduire des uftenciles de fer battu, dont la rouille eft falutaire, au lieu des uftenciles formées de cuivre.

Je fçais bien que les cuifiniers fe plaignent * de la *minceur* des caffe-roles de fer, qui *brulent*, difent-ils, *tout ce qu'on y apprête*; mais ils ne voyent pas que c'eft le trop grand feu qui brûle; ils devroient donc imiter quelques-uns de leurs confreres, qui s'en fervent au mieux dans les plus grandes Maifons de Paris, au moyen d'un feu proportionné à l'é-paiffeur ** de ces caflèroles. Mais

* Voyez le Journal Oeconomique de Janvier 1752. pag. 58.

** Il y a trois mécaniques fûres pour donner aux cafferoles de fer l'épaiffeur d'un quart de pouce, qui réfifteroit aux grands feux ordinaires, & pour rendre ces caffe-roles, comme tous les autres vaiffeaux de fer, beaucoup plus commodes, plus foli-des & plus propres, qu'on n'a vû jufqu'i-ci; mais le mal eft qu'on ne trouvera jamais une compagnie, qui veuille rifquer fans titre les approvifionnemens, les édifi-ces & les Machines néceffaires à tous ces objets, ni même aucun Ouvrier, qui pen-fe folidement, ou qui penfant, foit affez riche pour exécuter fes penfées, & en mê-me tems affez mal avifé, pour préfenter à d'autres plus riches que lui, les modéles d'une entreprife plus vafte, & conféquem-ment de fa ruine.

pour ne pas m'éloigner de mon fujet, je penfe que fi le nombre des
vibrations du pendule S augmentoit
fucceffivement d'une goutte à l'autre,
en faifant filtrer l'eau de Ville-d'A-
vray; fi enfuite en lavant les éponges
avec une eau limpide elle devenoit
fort fale, ou qu'on s'apperçut avant
le lavage des éponges qu'elles euf-
fent retenu des vifcofités, il s'enfui-
vroit alors que la fanté du Roi exi-
geroit de faire former des Fontaines de fayance à plufieurs filtres,
pour éviter que Sa Majefté & la Famille Royale ne boivent des vifcofités & un limon invifible & nuifible
à leurs fantés.

On ne verra jamais non plus qu'une
communauté d'Ouvriers fe cottife pour
faire un pareil établiffement; les membres
d'un corps ont toujours des intérêts dif-
tincts : en un mot la profcription d'un
poifon domeftique, le bien effentiel des
grands & des petits, dans la préparation
des alimens, font comme impoffibles fans
une loi nouvelle.

FIGURE V.

*Filtroir d'abondance en forme de Taba-
tiere , du poids de huit onces , dont
on pourra se servir à l'armee , au lieu
de pierres poreuses.*

Les Seigneurs font quelquefois porter à l'armée dans leurs équipages, des
pierres poreufes, pour purifier l'eau :
il en faut deux ordinairement, & une
charpente pour les placer l'une fur l'autre. Si on y fait filtrer une eau bour-
beufe , elles s'obftruent comme les
éponges ; il faut les laver , mais c'eft
affez imparfaitement, parce que le limon qui s'introduit dans les pores de
la pierre y eft pour toujours , à la différence des éponges qui fe lavent parfaitement. Si on laiffe ces pierres à
fec, elles s'empuantiffent & donnent
un mauvais goût aux premieres eaux
que l'on y fait filter. Il n'eft point de
filtre , comme j'ai dit plufieurs fois,
qui ne s'empuantiffe en pareil cas ; ces
pierres ne fourniffent que peu d'eau ;
le foin d'entretenir la premiere du def-

FIGURE V.

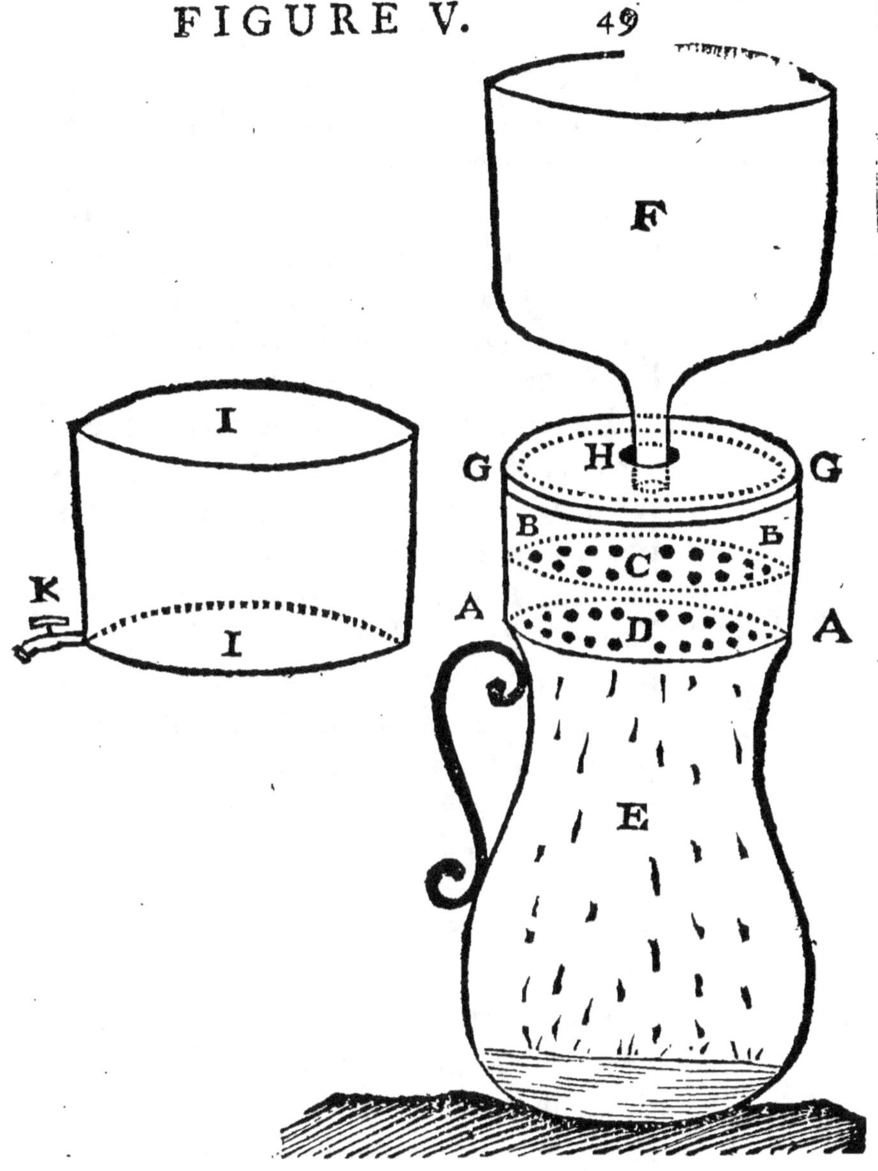

fus pleine d'eau, eſt le même que celui de remplir une caraffe d'une Fon-

C iij

taine à éponge , ou tout autre quelle qu'elle foit. Si on veut de l'eau filtrée, il faut mettre de l'eau fale ; fi on y manque , fuivant la ceffation du filtrage , les premiéres eaux qu'on y met, prennent le goût de la fermentation qui s'eft faite dans la vafe , & dans l'intérieur de ces pierres.

Les pierres poreufes enfin avec leur charpente , pefent au moins 200. liv. il s'agit donc pour la commodité des perfonnes au fervice du Roi , de trouver des Fontaines qui ne pefent que huit onces ; c'eft ce que j'ai fait d'abord au moyen des Fontaines de poche , mais ce n'eft pas affez ; fuivant le befoin des Seigneurs qui ont table ouverte à l'armée , il faut qu'une Fontaine de ce poids de huit onces donne quatre fois plus d'eau qu'un équipage de pierres poreufes qui pefent 200 livres.

Pour cela j'ai fait faire deux cylindres de fer blanc étamé à l'épreuve de l'eau , l'un extérieur *AA* qui a quatre pouces de diamêtre comme une grande tabatiere , & deux pouces de profondeur ; l'autre intérieur *BB* qui a trois pouces & demi de diamêtre, & quinze ou dix-sept lignes de profondeur.

Le cylindre intérieur *BB* porte dans le fond *C* plusieurs petites alveoles. J'en suppose douze, quoique la figure en marque davantage, & le cylindre extérieur *AA* en porte autant dans son fond *D*, ce qui fait pour chaque cylindre douze filtres d'éponges, qui fournissent chacune leur goutte, & conséquemment beaucoup plus qu'une pierre poreuse.

Ainsi voulant vous servir de cette invention, confiez-la à un domestique intelligent & attentif : celui-ci lavera toutes les éponges de plusieurs eaux, jusqu'à ce que la derniére demeure limpide, il les appliquera dans les alvéoles des deux cylindres, qu'il mettra ensuite l'un dans l'autre, comme on les voit dans la figure ; il mettra dessus le couvercle *GG*, percé en *H*, pour le passage de la caraffe *F*, remplie de l'eau sale qu'on veut faire filtrer, & bouchée avec un bouchon percé. Il mettra ensuite le tout sur un pot à l'eau *E*, ou sur une cruche de grais, dont l'orifice soit assez large pour y asseoir ces deux cylindres avec leur bouteille au-dessus. Le filtrage se fera alors au travers des douzes éponges *C*, du cylindre intérieur *BB*, & l'eau filtrée au travers de ces douze éponges, tombera sur les douze autres du fond *D*, du cylindre extérieur *AA*, au travers desquelles elle filtrera une seconde fois, & tombera pure dans le pot à l'eau, ou cruche de grais *E*. Quand les éponges du fond *C*, qui arrête la vase, seront obstruées au point de ne pas donner assez d'eau aux éponges du fond *D*, le domestique attentif les repoussera, les lavera & les remettra en place, pour faire continuer le filtrage ; il ne faut pas un quart-d'heure pour cette opération : pour éviter la trop prompte obstruction des éponges, on peut faire reposer l'eau bourbeuse dans un vaisseau de grais, & la verser seulement louche dans la caraffe *F*. A l'égard des éponges du fond *D*, l'obstruction n'y viendra qu'après un assez long-tems : la raison en est, que recevant une eau assez pure des éponges *C*, il faut beaucoup plus de tems pour les obftruer.

Je n'ajoûte point au poids de ce filtroir, celui de la bouteille & d'un pot à l'eau, parce qu'il en faut à l'armée, & qu'on en trouve par-tout : ainfi je réduits le poids des pierres poreufes de 200. liv. à huit onces, & leur volume, qui ordinairement avec leur charpente eft de quatre pieds de hauteur & d'un pied & demi de large, fe trouve réduit à quatre pouces de diametre, & deux pouces de profondeur, c'eft-à-dire, au volume d'une tabatiere qu'on pourroit mettre dans la poche.

On peut cependant donner à ces Filtroirs la profondeur d'un pied, & autant de diametre, auquel cas il ne feroit plus befoin de mettre une bouteille au-deffus, parce que le vaiffeau intérieur *BB*, contiendroit dans ce cas environ vingt-cinq pintes d'eau fale : il fuffiroit alors de mettre les deux vaiffeaux *AA* & *BB*, dans un troifiéme vaiffeau *II*, qui porteroit un robinet *K*, que l'on tiendroit ouvert, pour faire découler l'eau filtrée dans une cruche de grais, ou que l'on fermeroit à volonté, pourvû que ce ne fut pas pour long-tems : car comme j'ai dit, il faut que le filtrage foit continuel au travers des éponges comme de tous les filtres quelconques ; où il faut une grande quantité d'eau, pour empêcher le goût particulier de chaque filtre. Si cependant on foutiroit l'eau filtrée de cette fontaine à plufieurs reprifes dans le jour, le goût de fermentation, qui n'a rien de dangereux en foi, ne fe fera du tout point fentir.

FIGURE VI.

Filtroir par descension & ascension dans le sable, du poids d'environ 10. liv. au même usage des Troupes du Roi.

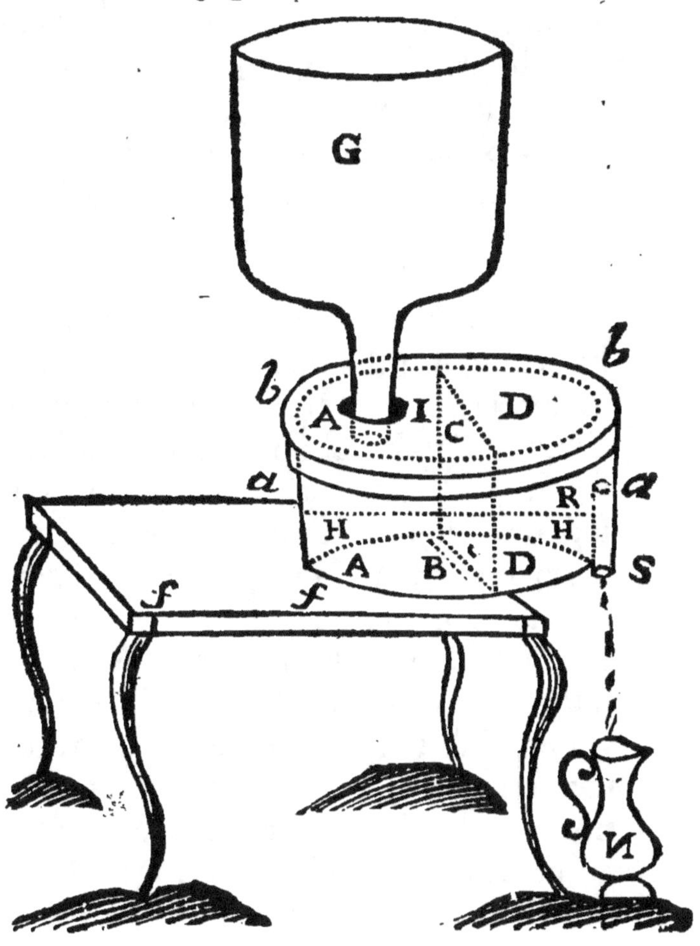

aa, Vaisseau de fer blanc à l'épreuve de l'eau, ou formé d'étaim, que je suppose de huit pouces de diametre, & autant de profondeur, posé sur la table *ff*.

bb, Couvercle percé en *1*, pour y appliquer la caraffe *G*, remplie d'une eau bourbeuse, ou telle autre qu'on veut faire filtrer.

C, Séparation soudée dans le milieu, & des deux côtés, excepté dans le fond en *B*: vous aurez alors deux loges *AA*, & *DD*.

Remplissez la loge *AA*, d'un sable bien lavé & bien foulé, remplissez de même la loge *DD*, jusqu'au niveau *HH*, en observant de mettre au-dessus du sable une plaque de plomb ou d'étaim, dans la loge *AA*, & une autre plaque dans la loge *DD*, pour que l'eau ne puisse pas soulever le sable. Cela ainsi disposé, l'eau de la caraffe *G*, se filtrera en descendant au travers du sable de la loge *AA*, & trouvant une issue *B* au bas de la séparation *C*, elle se filtrera encore en remontant par le sable de la loge *DD*, jusqu'au niveau *HH*, où elle trouvera l'ouverture du tuyau intérieur &

extérieur *R*, *S*; elle paſſera donc par
l'ouverture intérieure *R*, & tombera
par l'autre ouverture extérieure *S*,
dans le pot à l'eau *N*.

Mais ce Filtroir, quoique plus lourd,
& de plus grand volume que le précédent, ſera ſujet à donner également du
goût à l'eau, ſi on laiſſe fermenter la va-
ſe dans le ſable, faute de continuer le
filtrage. Il donnera beaucoup plus
d'eau que le précédent, mais elle ne
ſera pas ſi limpide qu'au travers des
éponges à beaucoup près: elle pourra
cependant convenir à ceux qui ſe ſont
laiſſés prévenir mal à propos contre
le filtre de l'éponge.

Il ſuffit de dire ici qu'avant même
l'enregiſtrement de mon Privilége, il
s'en eſt fait pour l'armée, dans les
guerres dernieres, par des ordres ſu-
périeurs qui ont donné la préference
au filtre de l'éponge.

Ainſi je penſe que Meſſieurs les Officiers peuvent ſans embarras porter
dans une male le Filtroir de la figure
V. dans celui-ci, qui n'eſt proprement bon que pour ôter le gros limon
des eaux bourbeuſes; l'autre eſt

bon pour les rafiner , & les rendre très-limpides. Tout ne confiste qu'à dresser un domestique intelligent & attentif pour avoir soin du filtrage des eaux bourbeuses , souvent très-nuisibles à la santé.

Le filtrage du sable seroit excellent, au moyen d'une Fontaine d'abondance, dans les Villes de garnison, où les eaux sont mauvaises. On pourroit faire de grands réservoirs, distribués en séparations , qui fourniroient au moyen du large qu'on leur donneroit , vingt filtres de sable par descension & ascension , & qui donnant une eau très-limpide , conserveroient au Roi beaucoup de Soldats qui périssent par l'usage des eaux mal-propres & mal-saines , ou qui coutent beaucoup à Sa Majesté dans les Hopitaux, pour la guérison de leurs maladies.

FIGURE VII.

Fontaine de Fer blanc étamé ou plombé, à l'épreuve de l'eau, en usage dans les dernieres guerres, du poids d'environ dix-huit livres.

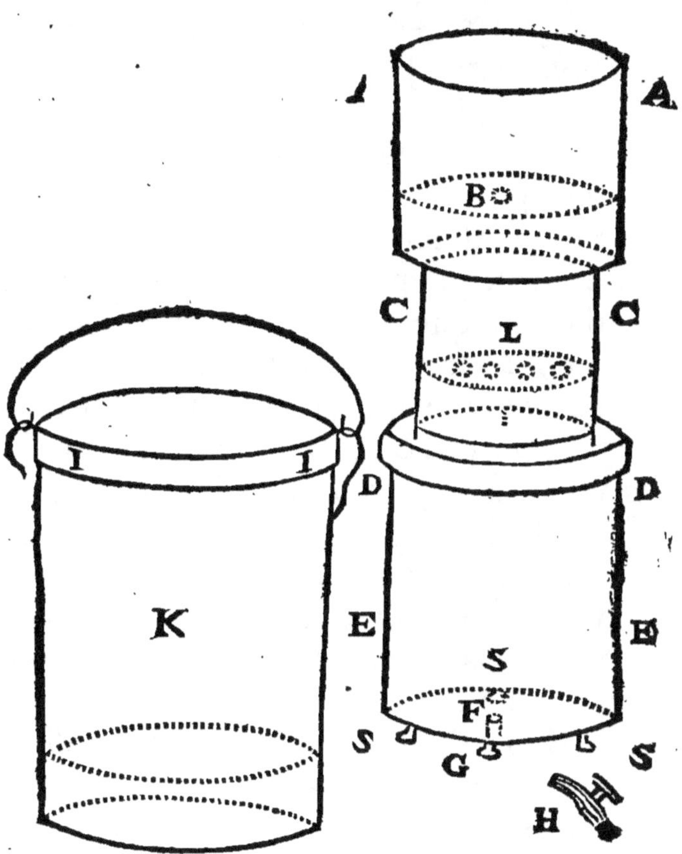

AA, Vaiſſeau de l'eau ſale, portant

dans le fond une grosse alvéole *B*, pour y appliquer une grosse éponge.

CC, Vaisseau qui reçoit l'eau de l'éponge *B*, portant dans le fond *L*, cinq ou six petites alvéoles, pour y appliquer autant d'éponges , dans un bon degré de pression.

DD, Couvercle du réservoir *EE*, qui reçoit l'eau filtrée. Il faut supposer que ce couvercle est percé au moyen d'une large ouverture dans le milieu, pour le passage des gouttes d'eau , que jettent les éponges du fond *L*, du vaisseau *CC*, qui y est placé avec le vaisseau du dessus *AA*. Ce réservoir *EE*, a dans le fond en *F*, une ouverture à laquelle se trouve soudé un tuyau coudé, qui passe & est encore soudé en dessous, & vient se presenter en dehors comme en *G*, pour y faire entrer forcément le robinet amovible *H*.

SSS, Pieds du réservoir *EE*, assez élevés pour que le tuyau *FG*, soudé en dessous , ne touche pas le plan où la Fontaine est posée.

Dans le cas du départ d'un lieu,

où l'on faifoit ufage de cette Fontaine, le vaiffeau *CC* trouve fa place dans le vaiffeau *AA* : levant enfuite le couvercle *DD*, on fait entrer ces deux vaiffeaux *AA*, & *CC*, dans le réfervoir *EE* ; on ôte enfuite le robinet de bois *H*, que l'on met également dans la Fontaine.

Cela fait, pour empêcher que cette Fontaine ne foit endommagée, on la fait entrer dans une boëte de bois *K*, qui reffemble à un fçeau de puits, & on la ferme avec un couvercle *II*, également de bois.

Ce fçeau *K*, fert encore de piédeftal ou de table à la Fontaine, quand elle eft montée, & pour pouvoir mettre un pot à l'eau fous le robinet *H*, quand il eft appliqué dans le tuyau *G*, on peut, en démontant cette Fontaine, repouffer les éponges, les laver, les bien preffer, & les mettre dans un linge blanc de leffive, ou deftiné à ce feul ufage, en obfervant de les relaver, quand on voudra remonter la Fontaine, pour s'en fervir au lieu où l'on fera arrivé nouvellement.

On peut auſſi laiſſer les éponges
dans les alvéoles, en repliant la Fontaine, mais en obſervant quand on la
remontera, de faire paſſer de l'eau jufqu'à ce que le filtrage ait effacé le
goût de la fermentation de l'eau dans
les éponges. Le mieux eſt de les repouſſer en démontant la Fontaine, de
les laver, preſſer, mettre dans un linge & relaver en la remontant, comme il vient d'être obſervé.

FIGURE VIII. pag. 63.
M 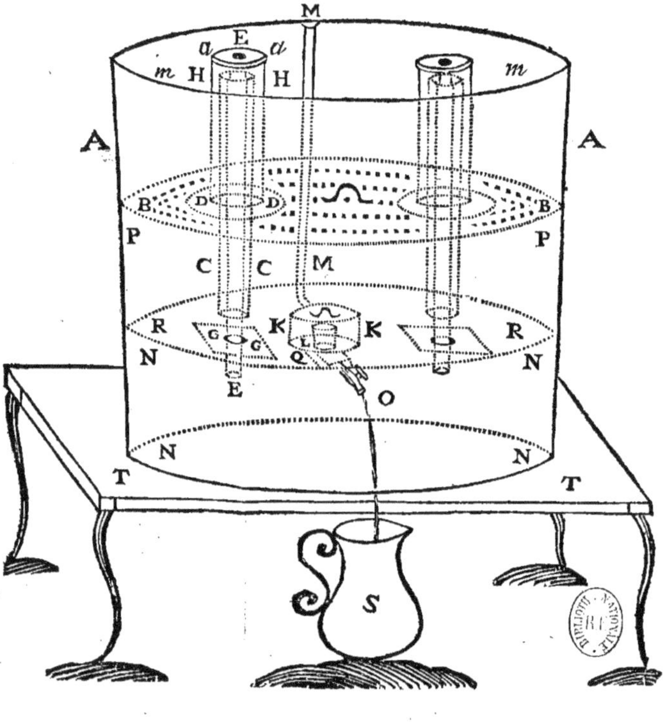
a E a
m H H m
A A
B D D B
P P
C C M
R G G K L K R
N Q N
E O
N N
T T
S

FIGURE VIII.

Nouvelle espéce de Pierres poreuses, qui
au moyen d'un sable choisi, foulé &
comprimé, imitent la dureté des pier-
res poreuses, & fournissent une eau
limpide sans aucun danger du princi-
pe pétrifiant. Le volume est de huit
pouces de diametre en tout sens, &
le poids est de douze livres.

Ne faites d'abord d'autre attention
qu'au vaisseau *AA*, dont la continuité
NN NN, est au-dessous du fond *RR*.
Faites abstraction du tuyau de conduite *Q*, de l'évent *MM*, & du robinet *O*, de même que de la table
TT, & du vaisseau de grais *S.* La
premiére connoissance qu'il faut pren-
dre, est celle du mécanisme du filtrage par le sable comprimé.

AA, Vaisseau d'argent ou d'étaim,
contenant le mécanisme du filtrage.
Toutes les autres piéces intérieures
doivent être de l'un ou l'autre métal.

CC, Tuyau d'un pouce & demi de

diametre, foudé fur pareille ouverture, pratiquée dans le fond *RR*, du
vaiffeau *AA*.

DD, Plaque un peu concave, percée d'un trou de deux pouces dans
le milieu, fur lequel eft foudé un autre tuyau *HH*, du même diametre
de deux pouces, & qui doit fortir un
pouce audeffus du vaiffeau *AA*, ce
tuyau *HH*, avec fon pied *DD*, imite à peu près la figure d'un chandelier, qui auroit la même ouverture
de deux pouces, tant en deffous du
pied, qu'au bout de fa branche. Ce
chandelier s'appuye fur la plaque a-
movible *BB*, qui doit entrer affez jufte dans le vaiffeau *AA*; elle eft percée comme une écumoire de plufieurs petits trous d'une ligne, pour
le paffage de l'eau.

Suppofez maintenant que le fond
RR, foit plein jufqu'au niveau de la
plaque *BB*, d'un fable foulé & bien
mis de niveau, afin que la plaque
BB, le touche également de par-tout,
il ne refte plus qu'à le comprimer,
de façon qu'il imite à peu près la dureté des pierres poreufes, qui ne font
qu'un

qu'un affemblage de grains de fable, unis & liés enfemble.

Pour la preffion de ce fable, mettez dans le tuyau *CC*, le bâton *EE*, dont la tête *aa*, foit plus large que l'orifice de la branche *HH*, du chandelier, qui a pour pied *DD*, & dont l'extrémité, qui fort en deffous du vaiffeau *AA*, foit faite en façon de vis, il arrivera que la tête *aa*, repofera fur la branche *HH*, du même chandelier qui a pour pied *DD*, & que celui-ci à fon tour repofera fur la plaque *BB*.

Mettez alors en deffous l'écroue *GG*, dont l'ouverture reçoit le bâton en forme de vis *E*; faites-en autant avec l'écroue de l'autre figure à côté, & tournez tant que vous pourrez l'une & l'autre écroue, jufqu'au point de réfiftance; quand vous y ferez parvenu votre écroue n'avancera guère plus que de demi - ligne, malgré toute la force que vous pourrez employer. La raifon en eft que les grains d'un fable foulé font intimément unis les uns aux autres; il n'y a que l'eau qui es fouléve un peu, quand ils ne font

D

pas arrêtés par quelque mécanifme de preffion. C'eft ce qui fait que le fable eft un filtre impuiffant, parce qu'il eft de régle que tous les corps, dont la pefanteur fpécifique eft plus grande que celle de l'eau, perdent dans l'eau autant de leur poids, comme en a l'eau dont ils occupent la place, & de-là vient que le fable un peu fou-levé par l'eau dans les Fontaines de cuivre, qui ne font pas fufceptibles du mécanifme de preffion du fable, don-nent une eau blanchâtre, quand la ri-viere eft fort fale : le fable libre & mouvant, un peu foulevé par l'eau, retient le gros limon, mais il laiffe é-chapper le fubtil.

Il n'en eft pas de même dans les Fontaines de mon mécanifme. Je fixe le fable, & je le fixe encore mieux dans celle-ci, par la force des é-croues, qui attirant la tête *aa*, com-prime la branche *HH*, celle-ci par le moyen de fon pied *DD*, compri-me la plaque *BB*, & celle-ci à fon tour comprime le fable qui eft au-deffous, & en fait un corps compacte, mais en même tems affez fpongieux, pour laisser passer l'eau limpide goutte à goutte, comme font les pierres poreuses.

Il faut cependant observer que l'on doit gouverner ce sable foulé & comprimé, comme on gouverne les pierres poreuses, dans lesquelles ordinairement on ne met que de l'eau déja filtrée, sans quoi la vase, qui obstrue les pierres poreuses, obstrueroit également ce sable foulé, mais avec cette différence, que celui-ci, en démontant les écroues, peut se laver parfaitement, au lieu que les pierres poreuses, une fois obstruées, ne peuvent guère se désobstruer par un lavage inutile à l'extérieur, quand l'intérieur est obstrué, & souvent empuanti, suivant la nature de ces pierres, détachées de différentes veines dans les carriéres.

Le sable ainsi foulé & comprimé, remplissez d'eau la partie du vaisseau *AA*, depuis la plaque *BB*, jusqu'en *mm*, elle passera dans la circonférence de la plaque *BB*, & dans les trous dont cette plaque est percée, d'où s'insinuant lentement dans le sable foulé

D ij

du deſſous, elle viendra s'amaſſer autour du couvercle amovible *KK*, &
de là trouvant une virole d'un demi-
pouce de hauteur, & d'un pouce de
diametre, ſoudée ſur un trou *L*, pra-
tiqué dans le milieu du fond *RR*, elle
remontera à la hauteur de cette virole
& tombera par le trou *L*, dans un
vaiſſeau de grais, ſur lequel je ſuppoſe qu'on peut repoſer le vaiſſeau
AA.

NNNN, Continuité du vaiſſeau
AA, ouverte en deſſous juſqu'au fond
RR, pour repoſer ledit vaiſſeau par-
tout, ſans endommager l'écroue *GG*,
& le bout du bâton en forme de
vis *E*.

Je ſuppoſe maintenant qu'on veuille ſe ſervir dans une maiſon d'un pareil vaiſſeau, pour raffiner l'eau déja
filtrée dans une Fontaine de cuiſine,
ſans mettre au-deſſous un ſecond vaiſſeau qui ſerve de récipient à l'eau
refiltrée au travers du ſable foulé.

Dans ce cas, il faut que le vaiſſeau
AA ait une grandeur proportionnée
aux uſages domeſtiques ; & je réduits cette grandeur à trois pieds de

face , & un pied de large ovale , ou
quarré. Il faut encore que le couvercle *KK*, emboëtte [fort au large pourtant] une virole d'un pouce de hauteur , & qu'il soit d'un pied de diamêtre , & autant de hauteur, pour
contenir environ une voye d'eau résultante du filtrage , au travers du
sable foulé & comprimé.

On peut alors en supprimant le
trou *L* du milieu du fond *RR* , sub-
stituer un tuyau de conduite *Q* , sur
lequel emboëttera le couvercle *KK* ,
& ajoûter un évent *MM* , dont l'orifice large de trois quarts de pouce ,
soit soudé par un bout dans une ouverture de la virolle , couverte par
le couvercle *KK* , & l'autre bout qui
vienne affleurer le bord *mm* du vaisseau *AA*.

On peut alors souder un robinet *O*
dans la partie du tuyau de conduite
Q, mettre ce vaisseau ainsi composé
sur une table *TT* , & soutirer par le
robinet *O* , l'eau filtrée amassée dans
le couvercle amovible *KK* , comme
on la voit couler dans le pot à l'eau
S.

Ce n'eſt pas qu'on ne doive préférer le filtrage de l'éponge, dont la manœuvre & le lavage ſont beaucoup plus faciles, & l'eau qui en réſulte beaucoup plus abondante & plus limpide ; mais j'ai deux objets en faiſant part au Public de ce nouveau mécaniſme.

Le premier eſt de faire voir, qu'on a inutilement donné dans les pierres poreuſes, qui ont le vice du principe pétrifiant, & ſouvent quelque autre plus mauvais, tandis qu'on peut en faire par le moyen d'un ſable choiſi & indiſſoluble par le menſtrue de l'eau, au moyen d'un vaiſſeau d'étaim, à la portée des facultés d'un chacun.

Le ſecond objet que j'ai eu, eſt d'inviter les Amateurs du bien public, & du Service du Roi ſur Mer & ſur Terre, à rechercher à la faveur de ce mécaniſme de preſſion, le deſſalement de l'eau de la Mer. Je m'en ſuis ſervi dans mes expériences ſur ce point très - important ; mais malgré les médicaments que j'ai donnés à cette eau, & le filtre de l'épon

ge , que j'ai employé concurremment
avec une autre matiére molle & très-
faine , réduite en grains comme le
fable , je n'ai pas encore réuffi au
point que les Marins puiffent faire
ufage journellement de l'eau réful-
tante de cette Fontaine Marine , qui
ne méritera ce nom abfolument que
quand elle produira fon effet en en-
tier. Je me propofe cependant de
reprendre mes expériences , fi je
puis avoir quelque repos dans la fuite.

Fontaine de Poche ou Militaire, pag. (1)

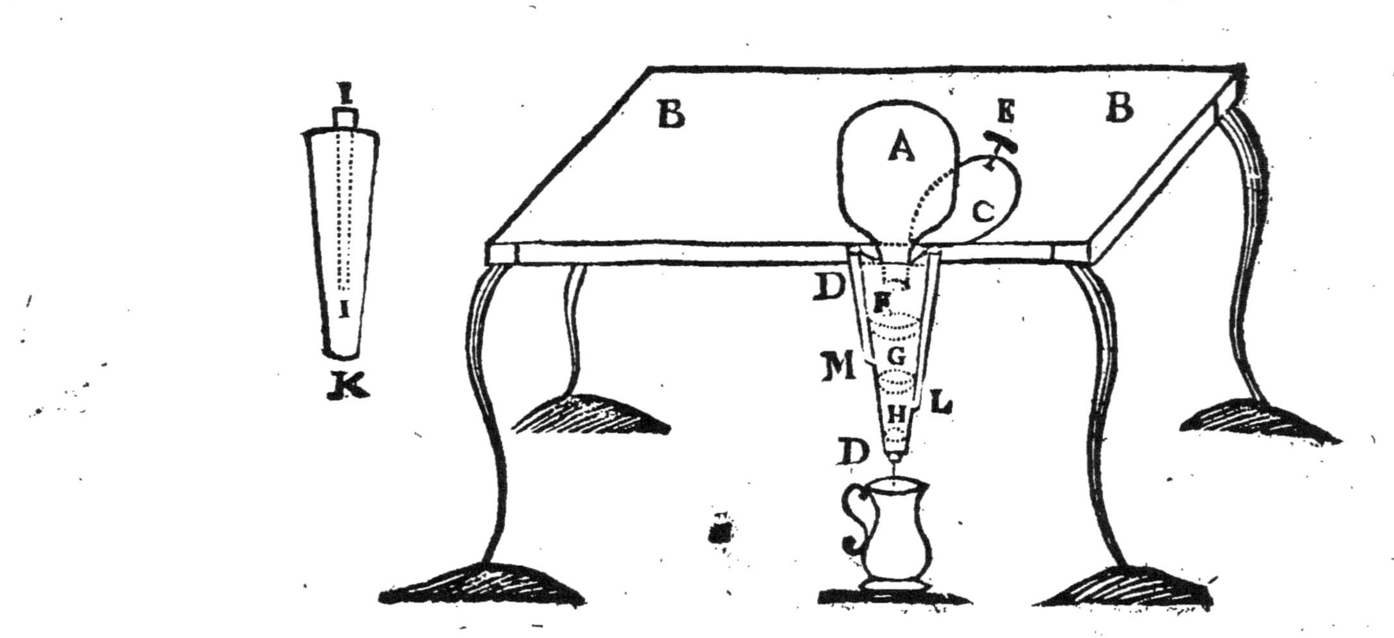

FONTAINE DE POCHE,

Autrement dite Militaire, à l'u-
sage des Troupes du Roi, & des
Voyageurs qui se trouvent dans des
Lieux, où les eaux sont bourbeuses,
ou visqueuses & mal saines.

A, Carafe remplie d'eau.

D D, Tuyau conique, dans lequel on fait entrer l'éponge H, bien
comprimée jusqu'au bout, comme
elle paroît dans la figure, ensuite
l'éponge G, & en dernier lieu l'é-
ponge F, en observant que l'orifice
de l'évent L, se trouve à peu près
entre les deux éponges H, & G,
& que l'orifice de l'évent M, se
trouve de même entre les deux é-
ponges G, & F, ce qui est nécessaire pour donner de l'air au filtrage, qui pourroit cesser suivant la
pression des éponges, s'il n'y avoit
pas de l'air entre deux : d'ailleurs
les colonnes d'eau montent dans les
évents jusqu'à l'orifice de la bouteille A, & pesant plus que ne pé-
seroient la seule colonne d'eau entre F, & G, & la seule entre G

& H, le filtrage devient plus abon-
dant : cette fontaine de poche étant
ainsi garnie d'éponges , appliquez
son couvercle C, à charniére, &
percé, sur une table B B, par le
moyen de la vrille E ; mettez dessus
la carafe A , remplie d'une eau
bourbeuse, ou telle autre que vous
voudrez purifier, elle coulera sur
l'éponge F, jusqu'à ce que l'espace
depuis son orifice jusqu'à F, soit
plein ; cette éponge F, filtrera ensuite sur l'éponge G, & celle-ci sur
l'éponge H , qui donnera une eau
très-limpide, goutte à goutte, dans
un pot à l'eau mis au-dessous.

K, Piéce de bois tournée du calibre de la fontaine de poche. Elle
sert à deux usages, l'un pour empêcher la fontaine de se bossuer y
étant renfermée ; l'autre pour appliquer les éponges.

I I, Bâton percé qui contient la
vrille E ; il sert pour repousser les
éponges , et se trouve sa place en
II , en sorte qu'en démontant cette
fontaine, dans le cas du départ d'un
lieu, ou l'on en avoit besoin, la

piéce de bois K, reçoit le repouſ-
ſoir II, celui-ci reçoit la vrille E,
& le tout entre dans le tuyau, D D,
qui ſe ferme enſuite comme un
étui, ou comme une tabatiére, au
moyen du couvercle à charniére C,
& peut ſe mettre dans la poche. Suivant la quantité d'eau dont on a be-
ſoin, à l'armée, ou en voyage, on
peut avoir pluſieurs de ces fontaines, attendu leur petit volume &
leur légereté; elles ne donnent chacune que cinq ou ſix pintes par jour
plus ou moins, ſuivant le degré de
preſſion des éponges.

Il faut obſerver, qu'en renverſant
la carafe ſans deſſus-deſſous, l'eau
ſe répandroit en trop grande quantité ; pour éviter cet inconvénient, on
doit boucher la carafe avec un bouchon de liége percé, ou auquel on
aura fait une entaille d'un quart de
pouce au moins dans ſa longueur,
moyennant cette précaution, on
ne répandra pas une ſeule goutte
d'eau, pour peu qu'on ait d'attention en renverſant la carafe.

FONTAINE DE CUISINE.

A A. Réfervoir de l'eau fale, dont la vafe fe précipite dans le fond, & qu'on peut faire fortir au moyen d'une broffe, ou d'une éponge, par le robinet K, quand il s'y en trouve une trop grande quantité. Une partie de cette vafe & la plus fine s'arrête dans le banc de fable B, d'où il fuit que l'eau parvient plus pure, & fimplement louche, aux alveoles C, garnies d'éponges comprimées, au bas de la féparation D, d'où elle filtre & entre dans la 2ᵉ loge b b, formée par les féparations D & E, où elle acquiert un premier dégré de limpidité.

d, alveoles également garnies d'éponges comprimées, au bas de la féparation E, au travers defquelles l'eau filtre une troifiéme fois dans la derniére loge C C, d'où on la foûtire pour la table, par le robinet M, très-limpide, plus ou moins cependant, fuivant le dégré de preffion des éponges.

L, Robinet de l'eau de la cuifi-

Fontaine de Cuisine.

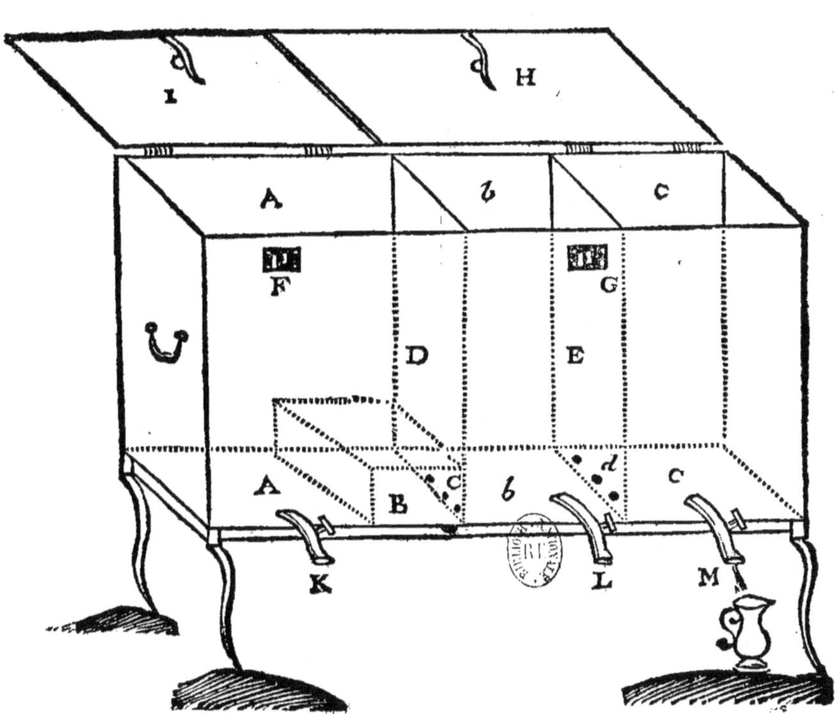

(5)

ne , qui a paſſé par le banc de ſable
B , & les premiéres éponges C.

K , Robinet de l'eau ſale , telle
qu'on l'a verſée dans la loge A A ,
comme il a été dit.

I , Couvercle de l'eau ſale.

H , Couvercle des eaux filtrées.

F , Serrure à moraillon , dont la
clef doit être au pouvoir d'un do-
meſtique en charge , ou du porteur
d'eau chargé d'en fournir.

G , Pareille ſerrure , pour enfer-
mer les eaux filtrées , afin que qui
que ce ſoit , par curioſité ou autrement n'y jette rien de mal-propre.

I. FONTAINE.

De rafinage pour les Offices ou pour les Salles à manger.

A A , Loge de l'eau soûtirée de la fontaine de la cuisine, & à laquelle on peut donner un plus grand dégré de limpidité, en la faisant refiltrer au travers des éponges comprimées dans les alveoles d, d'où elle passe dans la loge B.

H, Robinet de la loge A A, pour soutirer l'eau qu'on y a mise, telle qu'elle étoit en sortant de la fontaine de la cuisine; ce robinet sert encore comme robinet de décharge, quand on veut laver la fontaine.

I, Robinet de la loge B.

b, Seconde loge, dans laquelle l'eau refiltrée dans les alveoles garnies d'éponges comprimées C, vient s'amasser pour être soutirée, toujours plus limpide, par le robinet K.

E, & D, Couvercles des eaux sales & pures, comme en la figure précédente.

F, & G, Serrures à moraillon, pour l'usage marqué en la même figure précédente.

II. FONTAINE

De rafinage en fayence & en verre.

A, Grande carafe de verre, remplie d'une eau qu'on veut purifier.

B, Vaiffeau de fayance, rempli de fable comprimé, au bas duquel fe trouve une alveole E, formée de la même matiére, garnie d'une éponge comprimée.

C, Autre vaiffeau de fayance fans fable, au bas duquel fe trouve une autre alveole F, également garnie d'une éponge comprimée.

Cela fuppofé la bouteille A, fournit autant au vaiffeau B, que celui-ci fournit au vaiffeau C, par le filtre E, & le vaiffeau C, fournit autant d'eau qu'il en paffe par le filtre F, dans le grand réfervoir D, d'où on la foutire très-limpide par le robinet qui paroît au bas.

Il faut obferver que la preffion de l'éponge E, foit égale à celle du filtre F, fans quoi il pourroit arriver quelquefois, que le vaiffeau C, fe rempliroit & furverferoit, ne pouvant débiter par le filtre F, autant que B, par le filtre E.

Ainsi avant que de mettre le vaiſſeau B, ſur le vaiſſeau C, on peut
voir lequel fournit plus de gouttes
d'eau : par exemple, ſi le filtre E,
fournit au vaiſſeau C, une goutte
d'eau de trois vibrations en trois vibrations d'un pendule, & que le
filtre F, ne fourniſſe à D, qu'une
goutte en 5. vibrations, il arrivera
qu'en 3. ou 4. jours le vaiſſeau C,
pourra ſurverſer : on peut donc alors
ſerrer davantage l'éponge E, ou re-
lâcher l'éponge F, pour qu'elle dé-
bite à peu près autant que E.

On trouve dans le Magaſin des
filtroirs de fayance du même mécaniſme, pour filtrer les liqueurs.

Troisiéme Fontaine de rafinage , pour la page (92.)

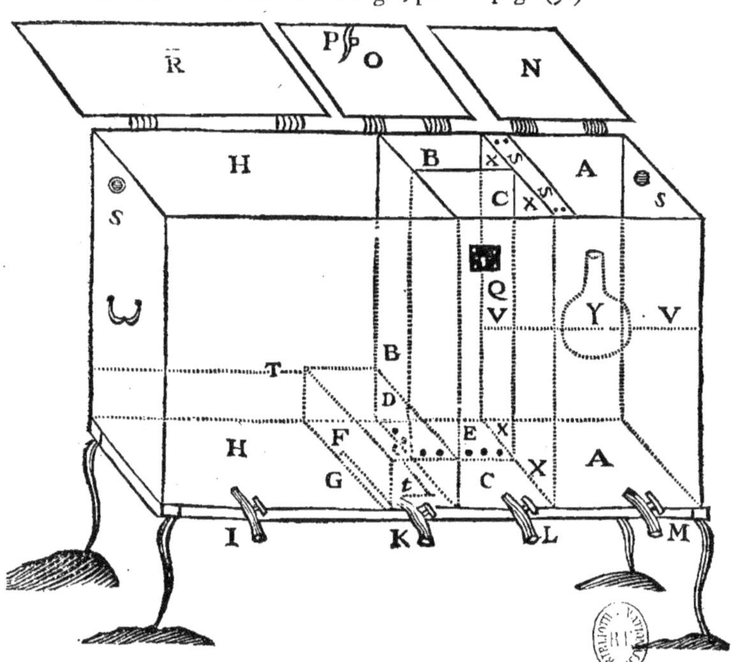

Troisiéme Fontaine de Raffinage à la glace en Eté, & tiéde en Hyver.

HH, Loge de l'eau fale, d'où on la foutire par le robinet *I*, quand on veut laver cette loge.

F, Banc de fable, qui arrête le gros limon de l'eau, & la fait parvenir plus pure aux éponges *D*, comprimées dans les alvéoles de la loge *BB*, d'où on la foutire par le robinet *K*.

G, Ouverture au bas du banc de fable, pour que l'eau parvenue à la hauteur de ce banc, comme en *T*, [fuppofé que le porteur d'eau ne foit pas encore venu remplir la Fontaine] puiffe filtrer, en attendant, par cette baffe ouverture.

T, Tuyau qui conduit la premiere eau filtrée de la loge *BB*, au robinet *K*.

CC, loge où l'eau eft parvenue du banc de fable *F*, des éponges *D* & des éponges *E*, comprimées dans les alvéoles des loges *BB* & *CC*. C'eft au travers de ces dernieres que l'eau filtre une troifiéme fois, & fe raffine encore davantage. On la fou-

B

tire pour la table par le robinet *L*.

AA, Loge de la glace, dont la féparation *XXXX*, touche les eaux purifiées, contenues dans les loges *BB* & *CC*. On peut mettre dans la loge *AA* une ou plufieurs bouteilles de vin, fuivant la grandeur de la Fontaine, pour avoir en même tems l'eau & le vin à la glace.

VV, fuppofe le niveau de la glace.

Y, fuppofe une bouteille de vin enfoncée dans la glace.

En Hyver, les perfonnes enrhumées, ou d'un tempéramment délicat, fujettes à des fluxions fur les dents, ou qui ont mauvais eftomach ou mauvaife poitrine, pourront une heure ou demi-heure avant leur repas faire remplir cette loge d'eau *chaude*, ou *bouillante*, plus ou moins, fuivant le degré de tiédeur, dont elles auront befoin. Cette chaleur douce ne communique point à l'eau ce goût de graillon, qu'elle prend fouvent auprès du feu dans une caffetiére.

SS, traverfe de bois, à feuilleures, fur laquelle tombe le couvercle *N* de la glace, & le couvercle *O* des

(11)

eaux filtrées , lequel ſe ferme au moyen d'une ſerrure *Q* , & du morraillon *P*, pour éviter que qui que ce ſoit, par curioſité ou autrement, aille regarder dans les loges des eaux filtrées *BB* & *CC*, & y laiſſe tomber quelque choſe de mal propre.

R , couvercle de l'eau ſale.

S , Ventouſe ou tambour de crin , pour donner paſſage à l'air, & emporter le goût de fermentation, qui ſe fait ſentir ſouvent dans les choſes renfermées. Ces ventouſes de crin à droite & à gauche , retiennent la pouſſiére , les mouches & les airaignées, & tous inſectes, qui pourroient s'aller noyer dans l'eau de la Fontaine ; elles ſe pratiquent dans beaucoup de Fontaines de la Manufacture.

PRÉDICTION GÉOMÉTRIQUE *sur le plan de Paris, divisé en différentes classes, suivant laquelle il est démontré que les nouvelles Fontaines ont eu tout le succès qu'on pouvoit attendre de leur utilité dans tous les états, depuis environ 18 mois que le Magasin est ouvert, & qu'elles auront toujours plus de succès à l'avenir à Paris, dans les Provinces, & dans tous les Pays du monde.*

Le carreau *I* est supposé contenir le bas peuple, qui ne connoît pas encore la Manufacture des nouvelles Fontaines, ou qui la connoissant, n'en sent ni l'utilité ni la nécessité : d'ailleurs les facultés sont très-modiques dans cette classe.

Le carreau *II* est supposé contenir les Artisans, & ouvriers de tous métiers. Ceux-ci en général ne connoissent pas mieux que le bas peuple, les nouveautés utiles ; leur travail journallier, & le gain qu'ils se proposent, font presque toutes leurs occupations de corps & d'esprit. Il

PLAN DE PARIS.

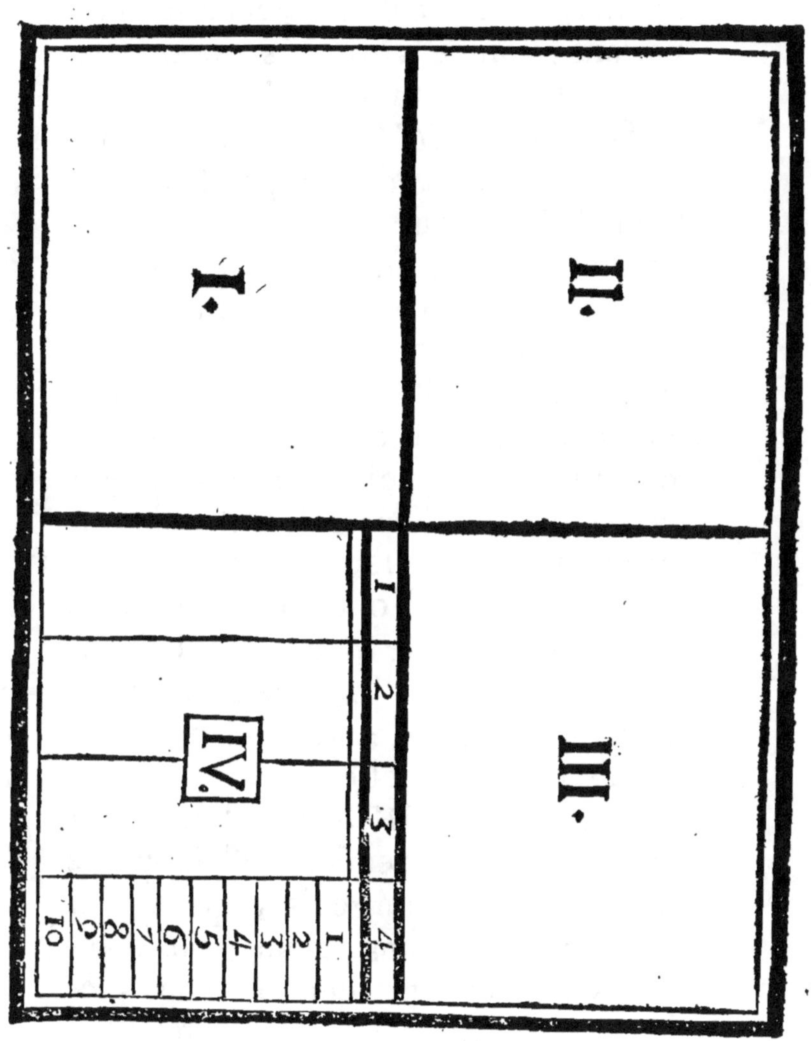

faut du tems & des exemples à ces deux premiéres claſſes , pour ſe réformer. Les facultés , généralement parlant , ſont encore très modiques dans cette ſeconde claſſe.

Le carreau *III* eſt ſuppoſé contenir les Marchands. Il y a dans cette claſſe beaucoup de perſonnes trèsen état de juger des bonnes choſes , & d'en faire la dépenſe ; mais dans la primeur , la vérité ne ſe fait pas d'abord jour chez elles. L'attention ſur leur commerce leur fait perdre de vûe bien des objets utiles. Il y a cependant pluſieurs Marchands du premier & du ſecond ordre , qui ont vendu leurs Fontaines de cuivre , pour achetter de nouvelles Fontaines , ſoit comme juge de leur utilité, ſoit à l'exemple des grandes maiſons , où ils vont journellement.

Le carreau *IV* ſe ſubdiviſe en 4 colomnes : la premiére eſt ſuppoſée contenir les Bourgeois , qui vivant de leur bien , ſans aucun gain d'ailleurs , ménagent leurs revenus , & ne ſe preſſent pas vis-à-vis des nouveautés. Il y a cependant de riches

(15)

Bourgeois vivant noblement , qui ont
acheté comme connoiffeurs , ou à l'e-
xemple des connoiffeurs.

La feconde colomne eft fuppofée
contenir les maifons curiales , les
Hôpitaux & Hôtels de fondation
royale , ou particuliére , & les Communautés Religieufes d'hommes &
de femmes. Dans cette claffe , il faut
affez fouvent des délibérations en
forme. Plufieurs perfonnes , dans un
confeil affemblé , préfentent différentes opinions ; il faut attendre l'u-
nanimité des fuffrages , pour faire recevoir les nouveautés les plus utiles ;
il y a cependant des Communautés
qui ont réformé leurs Fontaines , &
préfére les nouvelles.

La troifiéme colomne contient les
Etrangers venant des Provinces , &
tous ceux qui vivent dans les Auber-
ges. Cette claffe de perfonnes n'a
pas befoin de nouvelles Fontaines ;
celles de cuivre de leurs Hôtes leur
fuffifent , bon gré , malgré. Dans le
nombre cependant , plufieurs perfonnes de cette claffe ont acheté de petites Fontaines de poche , des filtroirs

& des Fontaines de fayance, même des Fontaines de cuiſine & d'office, pour emporter avec elles en Provin-ce, ou pour envoyer par commiſ-ſion.

Il reſte une quatriéme colomne, qui n'eſt qu'un ſeiziéme de Paris, & qu'il faut ſubdiviſer encore en dix degrés, où ſont compris les riches de toutes conditions, qui n'ont pas encore acheté, ou qui ont acheté de nouvelles Fontaines, depuis l'é-tabliſſement de la Manufacture.

Il y a des connoiſſeurs dans tous les états, mais c'eſt comme la poignée des élus : la foule du public eſt eſ-clave d'un préjugé général ; l'uſage immémorial des Fontaines de cuivre eſt pour ce public une régle de ſanté. Les maladies inconnues, l'aveugle-ment, la goute, les maladies du poul-mon, les skirres, les obſtructions, la paralyſie, l'apoplexie, & bien d'au-tres maladies, qui viennent ſouvent de l'eau impregnée de verd-de-gris, comme des alimens préparés dans des uſtencilles de cuivre, ne l'effrayent pas ; il croit avec opiniâtreté, que toutes ces maladies viennent d'autres caufes ; il ne veut pas comprendre, qu'une des principales , & la plus fréquente , confifte dans les dofes de verd-de-gris, qu'il prend journellement dans fa boiffon , dans fes alimens & dans fes remédes.

Ajoûtons à cette premiere erreur, une autre également groffiére , & que chacun convient aujourd'hui ne pouvoir venir que d'un ignorant.

On a dit & fait dire par des Emiffaires, que le filtre de l'éponge étoit fujet à une diffolution nuifible aux reins. Mais comment l'a-t-on dit ? Contre les décifions de l'Académie, contre l'autorité du premier Parlement du royaume, qui n'a accordé l'enrégiftrement du Privilége exclufif des nouvelles Fontaines , qu'avec très - grande connoiffance de caufe, après plufieurs années d'examen & d'expérience , & ce qui eft encore plus fort, contre les décifions des plus fameux Médecins , & de tout ce qu'il y a de plus illuftre dans la Faculté de Médecine en corps , feul Juge compétant du point d'anatomie,

& de la route des aliments solides &
liquides dans le corps humain.

Ajoûtons encore la position de
la Manufacture établie hors de Paris , & de la vûe du public , &
l'on verra tout de suite , que malgré
la calomnie des émules ignorants ,
& l'éloignement du magasin public ,
la vérité toujours invincible par elle-
même , n'a pas laissé de se faire connoître.

En effet , dans la quatriéme colomne , il faut mettre à part les classes des
9 premiers degrés , inutiles au progrès
d'une Manufacture.

Premier degré : les avares , qui sont
dans tous les états , ennemis des nouveautés , qui bien qu'utiles causent de
la dépense.

Second degré : les œconomes ,
qui vont toujours en tatonnant , &
qui demandent du tems , pour vendre
leur Fontaines de cuivre,& l'employer
à l'achat des nouvelles Fontaines.

Quelques uns parmi ceux-ci , ont
donné dans un piége. Ils ont pensé ,
qu'en excluant leurs Fontaines de
cuivre , ils devoient se donner des

Fontaines d'étaim. Leur raifon confifte à dire qu'il n'y a pas de la reffource
avec une Fontaine de plomb, com-
me avec une Fontaine d'étaim, quand
elles font ufées, je fuppofe, après
vingt ans de fervice. *La revente d'une*
vieille Fontaine de bois & de plomb, ne
produit prefque rien, difent-ils, au lieu
que les vieilles Fontaines d'étaim ont tou-
jours un prix fixe, fuivant leurs poids.

Le public à cet égard a befoin
d'être inftruit, & voici le raifonnement le plus jufte que les œconomes
puiffent faire fur la revente des Fontaines d'étaim.

1°. Les Fontaines d'étaim font mé-
langées de cuivre, de régule d'anti-
moine, d'arfenic, de ziach, & de
plomb; le mélange de cuivre eft même néceffaire, pour donner, fur-tout
à un grand vaiffeau, comme l'eft une
Fontaine, du corps & de la dureté.
Si une Fontaine étoit formée d'étaim
fin pur, comme celui de Cornouaille
ou de Malaque, cet étaim trop doux
fe boffueroit au moindre coup, il fe
corromproit par le feul faix de l'eau,
qu'il ne pourroit pas fupporter. Le

feul expédient dans ce cas , feroit donc de donner à une Fontaine formée d'étaim pur battu, & durci au marteau, une bonne ligne d'épaiffeur ; mais dans ce cas, fi les Fontaines d'étaim commun coûtent un écu la livre, celles formées d'étaim pur & plus épaiṣ , coûteroient beaucoup plus , & les œconomes n'y trouveroient pas leur compte.

2°. La Manufacture des nouvelles Fontaines fournit au public des Fontaines d'étaim fin pur , battu au marteau , renfermées dans des caiffes de bois de chêne , propres & folides, & qui après 30 ans de fervice pourroient être revendues , à un prix plus haut qu'une vieille Fontaine d'étaim mélangé , & mal fain. Il eft vrai que les nouvelles Fontaines d'étaim font plus chéres que les anciennes ; mais les fournitures des matiéres , leur retrait en cas de revente , la façon, les avantages pour la falubrité & limpidité de l'eau , & plufieurs commodités qui s'y trouvent , ne permettent pas le paralléle de celles-ci à celles-là.

3°. Le plomb laminé eſt plus ſain, qu'un étaim mélangé, comme celui dont il s'agit.

4°. Comparez le prix d'une Fontaine d'étaim mélangé d'une bonne épaiſſeur, de la contenance d'environ deux voyes d'eau ſur ſable, avec le prix d'une Fontaine de plomb de la Manufacture de même contenance.

La premiere peſera environ 100 livres, à un écu la livre, c'eſt 300 livres.

La ſeconde ne ſe vend pas au poids, parce qu'elle eſt compoſée de bois de chêne & de plomb, mais elle ne vous coûtera que 150 livres, c'eſt-à-dire, la moitié moins.

Comptez maintenant : je ſuppoſe qu'après vingt ans, une Fontaine d'étaim mélangé, & une Fontaine de plomb, ſoient revendues ; la vieille Fontaine d'étaim à 18 ſols la livre ne vous rendra guère plus de 80 livres, ſi vous comptez la diminution du poids, par l'uſage, les recurages, & les lavages. Je veux que l'autre Fontaine de plomb revendue après

le même tems , ne vous produife rien
du tout, comptez bien : votre Fontaine d'étaim, qui vous aura couté 300
livres , vous reviendra à 600 livres
après les vingt ans , fi vous confidé-
rez ces 300 livres, comme une dette
active , dont les intérêts après ce
tems-là , ont doublé le principal : à
préfent déduifez 80 livres , que vous
aurez retiré en la revendant , il fera
toujours vrai de dire que votre Fontaine d'étaim vous aura couté 520 livres : à l'égard de la Fontaine de
plomb , comme d'entrée de jeu , l'a-
cheteur aura épargné 150 livres, il
fe trouvera que les autres 150 livres
qu'il aura payées , ne monteront avec
les intérêts après 20 ans, qu'à 300
livres feulement ; c'eft-à-dire, qu'il
aura gagné 220 livres , & l'acheteur
de la Fontaine d'étaim les aura per-
dues.

Au refte, on trouve dans le Magafin de la Manufacture des Fontaines fimples, d'environ deux voyes
d'eau fur fable & fur éponges ,
pour 60 livres, qui ne font en tout
après vingt ans que 120 livres : les

Œconômes pourront donc épargner beaucoup plus, c'eft-à-dire, fuivant le calcul que je viens de faire, gagner 400 livres.

5°. La plus grande contenance d'eau fur fable, dans les Fontaines d'étaim, ne peut guère aller qu'à 4 voyes ; au de-là, une Fontaine d'étaim deviendroit fi lourde, qu'on ne pourroit dans les cas des lavages & recurages, la gouverner fans la boffuer, fans la corrompre, & même fans écrafer fon pied par le feul faix du fable & de l'eau : d'ailleurs le prix deviendroit exceffif de plus en plus, fuivant les contenances : par exemple, une Fontaine d'étaim de 10 voyes d'eau fur fable, auroit befoin d'une forte épaiffeur, pour foutenir ce fardeau, & peferoit au moins 400 livres, lefquelles à un écu chacune, feroient la fomme de 1200 livres ; celle-ci au bout de 20 ans d'intérêt, feroit celle de 2400 ; déduifez environ 300 liv. de la revente de cette Fontaine après ce tems-là, à 18 fols la livre, vous aurez toujours dépenfé 2100 livres, pour une Fontaine de 10 voyes d'eau,

qui formée en plomb dans la Manufacture, en comptant le prix & les
intérêts de vingt ans, ne vous coutera
qu'environ 700 livres. Le bénéfice
est donc ici de 1400 livres, vis-à-
vis d'une Fontaine d'étaim de la contenance de 10 voyes d'eau.

6°. Les Fontaines d'étaim de l'ancien mécanisme, sont bornées, comme je viens de dire, à une certaine
grandeur ; au lieu que les nouvelles
Fontaines d'étaim comme celles de
plomb, peuvent se faire de toute grandeur, au moyen d'une caisse de bois
de chêne solide, qui renferme suivant
le nombre des filtres, 40, 50, ou 60,
piéces, que les ouvriers battent au
marteau, & soûdent successivement.
Quelque grandes qu'on demande ces
Fontaines, pesassent-elles un millier,
elles sont portées sur des pieds de
chêne très-solides, avec cet avantage
remarquable, qu'en relevant les couvercles, on voit tous les recoins de
ces Fontaines, comme de celles de
plomb, & qu'on les lave parfaitement sans les déplacer , mais plus
promptement & mieux, qu'on ne lave

les Fontaines de cuivre.

Le raifonnement que je fais fur les Fontaines d'étaim, peut fe faire encore fur les Fontaines de cuivre. Je ne parle pas de celles qui fe fabriquent dans le fauxbourg S. Antoine, & qui plus minces que du fer blanc, fléchiffent à la moindre force que l'on y fait deffus avec le bout du doigt. Après un court fervice, on les voit fe froffer, & fe replier comme du parchemin rimé au feu ; elles fe boffuent facilement, elles fe fendent, & laiffent fuir l'eau par cela feul : il faut alors boucher ces fentes avec de la foûdure en dehors, à peine peuvent-elles réfifter aux grattures du premier rétamage , lorfqu'elles fe trouvent rongées & couvertes de verd-de-gris : en un mot il n'eft pas poffible qu'elles durent, fi ce n'eft qu'on veuille s'en fervir fans les faire rétamer, & fe contenter feulement de faire boucher les fentes qui s'y font de tems en tems. Je conviens qu'une Fontaine auffi mince, de la contenance de 2 voyes d'eau fur fable , ne coutera qu'environ 120 livres ; mais

quel en est le service ? & combien de
danger , avec une Fontaine qui ne
peut pas souffrir les rétamages ? s'il y
en a avec l'étamure , parce que le
verd-de-gris passe au travers des pores de l'étaim , combien n'y en a-t-il
pas , quand l'étamure & la Fontaine
elle-même sont corrodées par le verd-
de-gris , jusqu'à faire des trous , qu'il
faut alors boucher avec de la soû-
dure ?

Je ne parle donc que de ces Fontaines formées d'un cuivre épais de
demi ligne , qui se soutiennent par
leur force , & peuvent se rétamer au
besoin.

Or , une Fontaine de 2 voyes
d'eau sur sable , ainsi formée d'un cuivre épais , vous coutera au moins
200 livres , calculez encore : au bout
de vingt ans , les intérêts , doublant
le principal , c'est 400 livres , si vous
y joignez les rétamages de quatre ans
en quatre ans , à 30 livres chacun ,
c'est en total 550 livres ; déduisez
maintenant environ 70 livres pesant
de cuivre , qui vous resteront après
les gratages dans les vingt ans , vous

vous trouverez en dépenfe de 480 livres ; peut-être fera-ce l'affaire de vos héritiers, que votre Fontaine aura mis en poffeffion de vos biens ; pour le moins vous aurez couru le danger du poifon, ou vous aurez été malade fans en fçavoir la caufe, ou votre fanté fera altérée, & dans ces cas vous en aurez été pour la perte de votre fanté & de vos affaires, de votre vie peut-être ; pour le moins des remédes néceffaires à une maladie chronique, incurable, vous auront coûté le prix de deux, de trois, de quatre Fontaines, & fouvent beaucoup plus. C'eft fuivant le progrès du verd-de-gris, qui fe montre comme un prothée dans le corps humain. Tout dépend ici de la difpofition des tempéramens, des fexes, & des âges différents.

Il eft donc difficile d'apprétier une Fontaine de cuivre : je mets cependant à part les frais des maladies, & je reviens au prix réel de 480 livres.

Il n'en eft pas de même d'une nouvelle Fontaine de pareille contenan-

ce ; elle vous coutera 150 livres ;
doublez à raison des intérêts dans les
vingt ans , ce n'eſt jamais que 300
livres : il y a donc un bénéfice de
180 livres , beaucoup plus de commodité , & vie ſauve ; je veux dire
franchiſe de tous accidents de poiſon
ſubit ou lent , & conſéquemment de
tous frais de maladies inconnues , qui
peuvent avoir du rapport au poiſon.

Qu'on aille à toutes les grandeurs des
Fontaines de cuivre,plus on avance, &
plus on trouve de bénéfice à leur préférer les nouvelles Fontaines : par
exemple , une Fontaine de cuivre
de ſix voyes d'eau ſur ſable , & de
l'épaiſſeur convenable , vous coutera
300 livres ; doublez toujours à raiſon des intérêts de vingt ans,c'eſt 600
livres; ajoûtez 5 rétamages de quatre
ans en quatre ans , ſi vous voulez que
votre Fontaine ſoit dans un bon
état [ſuppoſé , ce que je nie, que
l'étamure préſerve des accidens du
verd-de-gris] à 40 livres pour chaque rétamage , c'eſt 200 livres, qui
jointes à 600 livres , font 800 livres ;
déduiſez 100 livres pour cent livres
peſant

I. Fontaine derafinage pour les Offices & les Salles
à manger.

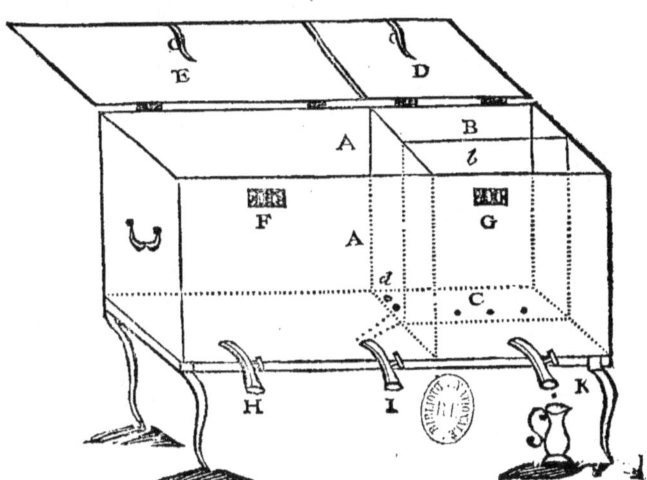

E
D
A
B
l
F
A
G
d
C
H
I
K

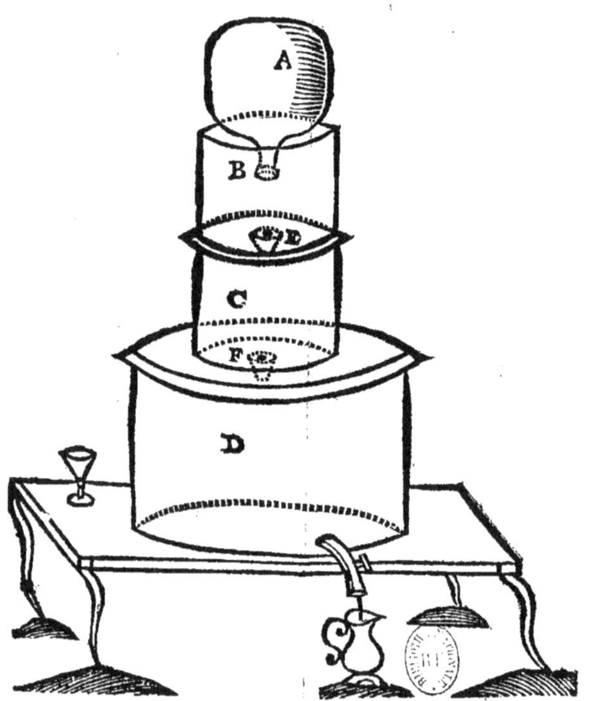

II. Fontaine de rafinage en fayence & en verre.
A
B
E
C
F
D

pefant de vieux cuivre , après les grattures de vingt ans , vous aurez toujours dépenfé 700 livres , tandis
qu'une Fontaine de la Manufacture ,
de la même contenance fur fable , ne
vous aura couté que 250 livres d'a-
chat , & en tout avec les intérêts 500
livres : il y a donc ici un bénéfice de
200 livres.

Une Fontaine de cuivre de 12
voyes d'eau fur fable & d'une bonne
épaiffeur , vous coutera 700 livres :
doublez pour les intérêts de vingt ans,
c'eft 1400 livres : ajoûtez cinq rétamages , à 50 livres chacun , c'eft 250
livres , & en tout 1650 livres : déduifez 200 livres , en cas de revente
du vieux cuivre de cette Fontaine
après vingt ans , refte 1450 livres.
Une Fontaine de la Manufacture de
pareille contenance , vous coutera
400 livres : doublez , ce n'eft jamais
que 800 livres au bout de 20 ans :
voyez le bénéfice , il eft de 650 livres , vis-à-vis de l'autre Fontaine de
cuivre.

Je ne dis pas cependant , que les
Fontaines de cuivre comme les nou-

velles Fontaines , ne puiſſent recevoir
des variations dans leur prix : cela
dépend des conjonctures des tems,
des diſettes ou chertés des matiéres,
des ouvriers , de la ſolidité & de la
façon des ouvrages , des loyers de
magaſins & d'ateliers , &c. Mais je
dis que dans tous les tems, les nouvelles Fontaines ſeront plus convenables pour la propreté , pour la limpidité de l'eau , ſur-tout en Hyver,
pour la ſanté, pour l'œconomie,& pour
la commodité du public & des troupes du Roi : la raiſon en eſt , que leur
poids, leurs matiéres, leurs contenances , & leurs formes arbitraires , four-
niſſent *différentes utilités* , en *différentes
rencontres* , ſuivant les jugemens de
l'Académie, & des prix à la portée
d'un chacun.

Je crois devoir faire ici toutes ces
remarques , afin que les perſonnes
œconômes ne ſe faſſent pas illuſion.
Le retrait d'une revente n'eſt qu'un
apas ruineux. Dans le fond , c'eſt une
prodigalité maſquée ſous le titre d'œ-
conomie.

Troiſiéme dégré ; les ignorans du

point de Physique , qui se livrent à
l'opinion d'un ignorant sur le filtre de
l'éponge , & qui détournent ceux qui
voudroient se donner de nouvelles
Fontaines.

Quatriéme dégré : les ignorans in-
décis.

Cinquiéme dégré : les amateurs du
brillant des ustencilles de cuivre , &
qui pensent que les légeres dozes de
verd-de-gris sont médicinales , en
purgeant de tems à autre.

Sixiéme dégré : les amateurs de
l'eau , simplement reposée quelques
jours dans des jars ou vaisseaux de
grais , & qui pensent que les filtres
ôtent à l'eau des parties essentielles à
la santé. J'ai répondu à cette objec-
tion plusieurs fois dans les différens
Livres que j'ai donnés au public ; je
n'use pas de répétition à cet égard :
j'observe seulement , que c'est une
miśere d'attendre que l'eau soit reposée , quand on en a besoin : d'ailleurs
la vase séjourne au fond de ces jars ;
il faut bien du tems pour rendre l'eau
exactement limpide , & la quantité
qui s'en consume dans les cuisines

pour la préparation des alimens , demande une trop grande quantité de jars , pour furvenir à la dépenfe qui s'en fait.

Septiéme dégré : les connoiffeurs qui veulent de nouvelles Fontaines , & qui font obligés de céder à une femme , qui croiroit fa cuifine démeublée , s'il n'y avoit pas une brillante Fontaine de cuivre , ou à des domeftiques , qui craignent de s'affervir à un plus grand foin * que n'exige une Fontaine de cuivre.

Huitiéme dégré : les connoiffeurs , maîtres abfolus dans leur ménage , mais qui ne connoiffent pas encore l'établiffement des nouvelles Fontaines ; Paris eft grand ; on eft fouvent long-tems à connoître les nouveautés utiles.

Neuviéme dégré : les connoiffeurs , maîtres abfolus encore dans leurs ménages, inftruits de l'établiffement, mais indolens & pareffeux : ceux-ci voyent

* Pour le foin des Fontaines , voyez ce que j'ai dit dans l'Extrait du Livre intitulé *Nouvelles Fontaines Domeftiques* , pag. 87. & fuivantes.

(33)

le danger des Fontaines & de tous
uſtenciles de cuivre, ils voyent aujour-
d'hui les moyens de s'en préſerver,
mais ils différent de jour en jour, à l'e-
xemple de cette foule de perſonnes,
qui menacées de loin de différentes
maladies, dont elles ſont averties par
des maux de cœur, ou des maux de
tête, ou des accablemens, ou des toux,
ou des crachemens de ſang, ou des
difficultés d'aller à la ſelle par une bi-
le recuite, & preſque toujours dans
ces cas par le manque d'appetit, différent de jour en jour de recourir à
leurs Médecins, pour y apporter les
remédes convenables, & prévenir
tout accident, tant qu'enfin ces de-
mandeurs en délai, tombent ou dans
une fiévre maligne, ou dans la phtiſie,
dans la poulmonie, ou dans l'apoplexie, &c.

Ces réflexions ſur les claſſes des
neuf premiers dégrés de la quatriéme colomne du carreau 4. font voir
clairement qu'elles ſont encore inutiles au ſuccès de la Manufacture des
nouvelles Fontaines.

Il ne reſte uniquement que la claſſe
B iij

du dixiéme dégré , dans laquelle fe
trouvent les connoiffeurs , également
maîtres abfolus dans leurs ménages ,
mais déterminés , & ceux qui préve-
nus par l'erreur groffiere de l'obftruction des reins , par les prétendus filamens d'éponge , s'en font défabufés
par l'exemple des connoiffeurs , &
par ce que j'ai dit dans mon Livre
intitulé *Réflexions fur le cuivre* , &c.
pag. 52. jufqu'à la fin.

C'eft cette derniére claffe qu'il faut
regarder pour le préfent , comme la
féule utile. Elle ne renfermé que la
160. partie de Paris , mais c'eft celle
qui donne le ton ; elle renferme les
Princes du fang , qui ont bien voulu , comme premiers protecteurs du
bien public , & connoiffeurs des inventions utiles à l'Etat , honorer le
Magafin & l'attelier des Ouvriers , de
leur préfence , & acheter plufieurs
Fontaines à différentes fois , c'eft à-
dire , les derniéres après l'effai des
premieres. C'eft à l'exemple de leurs
Alteffes Séréniffimes , & des plus fameux Médecins qui ont acheté dans
le même tems, que quantité de Sei-

gneurs ; connoisseurs du vrai , des
personnes de tous états , même des
Communautés religieuses , instruites
maintenant du point de Physique , ont
vendu leurs Fontaines de cuivre , &
ont acheté celles de la Manufacture.
Il y en a environ 2000. de répan-
dues, grandes ou petites , dans Paris
ou dans les Provinces, ou dans les
pays étrangers.

Voici donc ma prediction géométrique du premier Mars 1752. Je po-
se pour principe, que la vérité culti-
vée perce toujours tôt ou tard , &
je dis que la classe du dixiéme dégré
de la quatriéme colomne du carreau
4. va entraîner, comme elle entraî-
ne tous les jours insensiblement , les
neuf autres de la même colomne , &
qu'enfin ces dix classes entraîneront
avec elles les trois autres classes des
trois colomnes du même carreau 4.
cela fait, & presque en même tems ,
le carreau 3. des Marchands , le carreau 2. des Artisans , & le carreau 1.
du bas Peuple , s'appercevront du
danger des Fontaines de cuivre ; on
fera plus d'attention aux symptômes

du poison, on fera l'ouverture des ca-
davres au moindre figne, le public s'in-
ftruira par ce moyen de plus en plus, &
chacun réformera l'ufage pernicieux
de ces Fontaines anciennes, qui ont
caufé & caufent encore tous les jours
tant de maladies inconnues, & même
de morts fubites : c'eft ainfi que chacun
fe donnera peu à peu, fuivant fes facultés ou des Fontaines nouvelles,
qui font de toutes grandeur & à tout
prix, ou des Fontaines de grais fans
filtre, ne pouvant mieux ; en un mot
avec le tems, le cuivre ennemi du
genre humain, fera banni des cuifines
& des pharmacies de Paris, tant pour
l'eau que pour la préparation des alimens & des remédes ; il en fera de
même dans les Provinces & chez les
Etrangers, ou pour donner des preu-
ves, qu'ils ne font pas les duppes du
ridicule fyftême de l'obftruction des
reins, par les prétendus filamens d'é-
ponges, on a déja commencé d'imiter les nouvelles Fontaines de mon
invention.

Au refte ma bonne foi eft en évidence : je fçais bien que la fimplicité

de mes machines, & les deſſeins que j'en donne ici peuvent exciter un plus grand nombre de contrefacteurs, mais d'un côté, ceux-ci ne ſeront bons qu'à tromper le public, & de l'autre, je croirois manquer au devoir d'un bon citoyen, ſi dans l'incertitude de la mort ou de la vie, je n'aſſurois pas à la poſtérité des machines que l'Académie a jugées nouvelles & utiles au ſervice de Sa Majeſté, ſur mer & ſur terre, & du public, dans un cas de tous le premier & le plus eſſentiel à la ſanté, ſouvent à la conſervation de la vie, qui de tous les biens eſt le plus précieux.

Les perſonnes qui voudront bien connoître le danger des Fontaines & de tous uſtenciles de cuivre, dans les cuiſines & dans les Pharmacies, doivent lire la Theſe que M. Thierry, aujourd'hui Docteur-Régent de la Faculté de Paris, a ſoutenue dans les Ecoles de Médecine, ſous la Préſidence de M. Falconet, Médecin conſultant du Roi ; les obſervations que j'ai faites ſur cette Theſe ; mon premier Livre intitulé *Nouvelles Fontaines*

domestiques ; mes nouvelles observa-
tions qui sont à la suite du même Livre ; mon premier Avis sur l'usage
des nouvelles Fontaines, principalement le second, où je suis plus entré
dans la nature du cuivre, & dans la
façon des rétamages presque inutiles ;
mes réflexions sur ce métal dangé-
reux, & l'Extrait du Livre intitulé
Nouvelles Fontaines domestiques, où
l'on trouve, pag. 7. & suivantes, plusieurs exemples funestes de morts su-
bites, principalement une Lettre de
M. de *Lauremberg*, Médecin, Docteur
de la faculté de Paris, à M. *Courtier*,
Médecin de la ville de Meaux en
Brie, dans laquelle ce premier fait le
détail de plusieurs morts survenues par
l'usage des Fontaines & autres usten-
ciles de cuivre. Si on ne trouve pas
dans ces différens Ouvrages, faits à la
hâte, l'élégance & la pureté du style,
on y trouvera du moins des vérités
essentielles au bien public. Quiconque
écrit sur deux matieres connexes de
mécanique & de santé, n'a besoin
d'autre ornement que de celui que
donnent les suffrages de l'Académie

Royale des Sçiences, & de la Faculté de Médecine de Paris. Quiconque lit ces sortes d'Ouvrages, ne doit y chercher que les choses & non les paroles.

Au moment qu'on m'apporte cette derniere épreuve de chez l'Imprimeur, le Commis de la Manufacture me remet une Lettre que lui écrit une personne de distinction de la Province. Celle-ci s'est informée de quelques personnes à Paris, touchant l'usage des nouvelles Fontaines : " Je „ suis charmée [dit-elle] de leur mé„ canique & de toutes les commodi„ tés qu'elles présentent. Je sens par„ faitement que l'éponge est le meil„ leur & le plus puissant de tous les „ filtres ; en un mot je crois que c'est „ bêtise de le critiquer comme nou„ veau, & mauvais de sa nature, puis„ qu'on s'en sert dans tous les pays du „ monde pour filtrer des liqueurs dans „ un entonnoir, même pour filtrer „ l'eau comme on le pratique en Af„ frique, en Espagne, & dans plusieurs „ pays du monde La question étoit „ d'appliquer ce filtre avec adresse.

„ & de préfenter à cet égard une
„ machine commode & nouvelle; c’eſt
„ en quoi je vois avec l’Académie, que
„ M. Ami a parfaitement réuſſi , mais
„ on m’écrit de Paris que le plomb
„ eſt terreux , & qu’il jette de la cé-
„ ruſe ; je vous obſerve que c’eſt un
„ ouvrier qui m’a dit ceci , & qu’un
„ autre à ſon tour, me dit que l’étaim
„ eſt ſujet au même inconvénient de
„ la céruſe ; je vous prie de m’éclai-
„ rer là-deſſus, &c. Voici en ſubſtance
„ la teneur de la réponſe à cette Let-
„ tre.

„ La Compagnie des nouvelles
„ Fontaines ne peut donner au pu-
„ blic que ce qu’il y a de meilleur
„ dans la nature , & à la portée des
„ facultés d’un chacun. L’Académie ,
„ & Meſſieurs les Médecins ne voyent
„ rien de mieux. Si l’Académie avoit
„ vû quelque métal au-deſſus du plomb
„ ou de l’étaim, elle en auroit voulu
„ l’emploi dans la conſtruction des
„ nouvelles Fontaines ; elle ne l’a
„ point fait , donc il n’y a rien de
„ mieux , ſi ce n’eſt les vaiſſeaux de
„ terre, fragiles & bornés , pour la
contenance

„ contenance, & pour les filtres dif-
„ ficiles à y pratiquer. Les Princes du
„ Sang, les Villes, les Communautés,
„ se servent du plomb, ne pouvant
„ mieux; la Manufacture s'en sert aus-
„ si ne pouvant mieux. L'or & l'ar-
„ gent sans alliage de cuivre seroient
„ excellens, on en feroit former
„ des Fontaines pour les particu-
„ liers, qui en feroient les avances,
„ mais où sont ces particuliers ? le
„ fer se pourrit par sa rouille, quoi-
„ que ami de la santé, il ne dure
„ pas ou très-peu. L'étaim jette
„ du blanc, quand il est neuf, pendant
„ un certain tems, mais ce n'est point
„ de la céruse; le Roi s'en sert pour
„ le transport de l'eau de Ville-d'A-
„ vray. Le plomb en jette également
„ quand il est neuf, pendant quelque
„ tems, principalement celui qu'on
„ fait passer sous le laminoir, avec
„ quelque mélange d'étaim; mais ce
„ n'est point là ce qu'on appelle *cé-*
„ *ruse.* L'eau insipide ne peut pas la
„ produire, il faut nécessairement la
„ vapeur des acides du vinaigre, ou
„ autres sucs acres & corrosifs, pour

C

„ faire cette combinaison d'acides &
„ de parties métalliques, qui consti-
„ tuent la céruse. Voyez à cet égard
„ ce qu'en dit Primerose, sur les er-
„ reurs vulgaires de la Médecine,
„ livre 3. chapitre 2. Cependant
„ comme les Fontaines, les casse-
„ roles & marmites de cuivre, im-
„ pregnées de résine, & des saletés
„ des mains des ouvriers, donnent
„ un mauvais goût, & une mauvaise
„ odeur, quand elles sont neuves,
„ ou nouvellement rétamées, il en
„ est de même des Fontaines de
„ plomb. Il faut en les faisant travail-
„ ler dans les premiers jours, les fai-
„ re vuider cinq ou six fois de qua-
„ tre jours en quatre jours, sans rien
„ déplacer, & les faire bien rincer
„ toutes les fois avec une éponge
„ propre, dans tous leurs recoins,
„ ensuite les laver avec de l'eau pro-
„ pre; au moyen de quoi l'odeur, le
„ goût & les saletés du plomb dis-
„ paroissent pour toujours, pourvû
„ qu'on ait attention, comme on le pra-
„ tique à l'égard des Fontaines de
„ cuivre, de les faire travailler conti-

,, nuellement ; les perſonnes qui vont
,, en campagne pour long-tems, doi-
,, vent les laiſſer pleines d'eau, après
,, en avoir ôté le ſable & les épon-
,, ges. Vous entendez bien, Monſieur,
,, qu'une grande quantité d'eau, qu'on
,, laiſſe dans une Fontaine, s'empuan-
,, tit bien moins qu'une petite quan-
,, tité, qui fermente en s'y deſ-
,, ſéchant peu à peu : au retour de
,, la campagne, il faut faire vuider
,, toute l'eau, enſuite laver & rin-
,, cer la Fontaine de quelques eaux
,, propres, la faire garnir d'éponges &
,, de ſable bien lavés, & faire filtrer à
,, l'ordinaire. Que les ennemis de la
,, Manufacture diſent tout ce qu'ils
,, voudront, ils ne détruiront jamais
,, cette vérité, qui eſt que le cuivre
,, eſt un poiſon très-dangereux, &
,, que le plomb & l'étaim purs ſont
,, les deux matieres uniques pratica-
,, bles dans la nature, pour la ſalubri-
,, té de l'eau, pour la grandeur ar-
,, bitraire des Fontaines, & pour l'œ-
,, conomie. Qu'on cherche tant
,, qu'on voudra, il faudra toujours en
,, revenir au plomb ou à l'étaim, ſi

,, on veut des réfervoirs & des Fon-
,, taines filtrantes, convenables pour la
,, folidité , & pour les différentes dé-
,, penfes d'eau , qui fe font dans les
,, différens ménages.

,, Je fçais bien que les nouvelles
,, Fontaines, mal entretenues & mal
,, foignées , entre les mains de quel-
,, ques-uns, qui vivent fans fouci, ou
,, fervies par desdomeftiques mal pro-
,, pres , pourront dégouter ceux qui
,, les verront dans cet état d'aban-
,, don & de mal-propreté ; mais le
,, coup-d'œil d'une Fontaine de cui-
,, vre mal entretenue n'eft-il pas éga-
,, lement dégoûtant , indépendam-
,, ment du poifon qui fe trouve dans
,, celle-ci? Le même défagrément ne fe
,, trouve-t-il pas dans tous les uftenci-
,, les de cuifine ? parce qu'un potage ,
,, un ragout, ou tous autres mets, au-
,, ront participé du goût des malpro-
,, pretés d'une marmitte, ou d'une caf-
,, ferole mal lavées, eft-ce à dire qu'il
,, faille rejetter les marmittes & les
,, cafferoles , & fermer la cuifine
,, pour fe priver de tous les alimens ?
,, n'en eft-il pas ainfi de tous les meu-

» bles néceſſaires à l'homme ? où ſont
» ceux qui ne demandent pas du ſoin ?
» donc les plaintes que quelques-uns,
» mal ſoigneux de propreté, peuvent
» faire des nouvelles Fontaines, ne
» doivent faire aucune impreſſion aux
» perſonnes qui ont du jugement,
» d'autant mieux , que pour vingt
» perſonnes qui ſe plaignent, il y en
» a mille, qui loin de ſe plaindre, ne
» ceſſent de parler des nouvelles Fon-
» taines avec éloge : ce ſont là ces
» perſonnes, qui font valoir la Manu-
» facture , par les nouveaux achats
» qu'elles font pour leur uſage, dans
» leurs maiſons, à la Ville & à la
» campagne , & qu'elles font faire
» pour les perſonnes de leur connoiſ-
» ſance. Je vous aſſure, Monſieur,
» que les ennemis de la Manufacture
» feront des efforts inutiles ; ils ne
» peuvent lutter avec nos protec-
» teurs, nos proſélites & nos amis : ce
» n'eſt plus comme autrefois, les en-
» nemis formoient une légion , au-
» jourd'hui la déſertion eſt preſque
» générale ; ils ſe réduiſent à un très-
» petit nombre. Les protecteurs, les

„ amateurs, les connoiſſeurs ont pris
„ leur place ; ils ſont victorieux, &
„ avec eux la vérité & le bien public. „

La Manufacture des Nouvelles Fon-
taines eſt établie à Paris, rue Poiſſon-
niere, paſſe le Boulevard, chez M.
TROUARD, Marbrier du Roi.